TERMINOLOGIE GÉNÉRALE

DU

MINÉRALOGISTE PROSPECTEUR

PAR

GEORGES HYVERT

DÉFINITIONS ET FORMULES DES SUBSTANCES MINÉRALES, DES ROCHES ET DES TERRAINS
NOMENCLATURE DES CONCESSIONS FRANÇAISES DE MINES.
SOURCES MINÉRALES, THERMALES, ETC.
RENSEIGNEMENTS GÉNÉRAUX, DATE DES DÉCRETS, SIÈGES D'EXPLOITATIONS,
SURFACES CONCÉDÉES, SUBSTANCES EXPLOITÉES
SPÉCIFICATION DES PHOSPHATES DE CHAQUE DÉPARTEMENT FRANÇAIS
DICTIONNAIRE DES ROCHES ET DES TERRAINS
MOSAÏQUE PALÉONTOLOGIQUE.

CARCASSONNE

Imprimerie G. SERVIÈRE, 26, Rue Barbès, 26.

1903

TERMINOLOGIE GÉNÉRALE
DU
MINÉRALOGISTE PROSPECTEUR

PAR

GEORGES HYVERT

DÉFINITIONS ET FORMULES DES SUBSTANCES MINÉRALES DES ROCHES ET TERRAINS
NOMENCLATURE DES CONCESSIONS FRANÇAISES DE MINES
SOURCES MINÉRALES, THERMALES, ETC.
RENSEIGNEMENTS GÉNÉRAUX, DATE DES DÉCRETS, SIÈGES D'EXPLOITATIONS,
SURFACES CONCÉDÉES, SUBSTANCES EXPLOITÉES
SPÉCIFICATION DES PHOSPHATES DE CHAQUE CHAQUE DÉPARTEMENT FRANÇAIS
DICTIONNAIRE DES ROCHES ET DES TERRAINS
MOSAÏQUE PALÉONTOLOGIQUE.

CARCASSONNE
Imprimerie G. SERVIÈRE, 26, Rue Barbès, 26.
1903

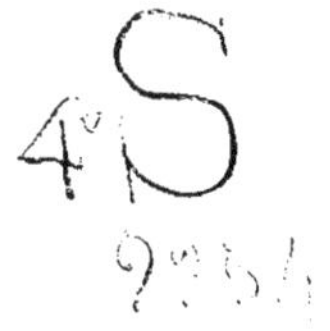

OBSERVATIONS

Nous avons fait " *autographier* " le présent mémoire dans le but de faciliter les travaux de nos correspondants.

Les numéros de la table représentent les références des documents de notre " Recensement Général des Richesses Minérales Françaises " et correspondent aux indications abrégées de nos " Diagrammes ".

Nous nous proposons de faire " *typographier* " une édition de cette " Terminologie Générale ", destinée à la Librairie et qui paraîtra probablement en annexe du traité de " Télédiagnose Minérale ".

SIGNES ET ABRÉVIATIONS

EMPLOYÉS DANS CET OUVRAGE

I. — MINÉRALOGIE

1° CARACTÈRES ORGANOLEPTIQUES

(La lettre A est suivie de l'un des indices ci-dessous :)

ETAT D'AGRÉGATION

1. Solide. — 2. Friable. — 3. Sableux. — 4. Visqueux. — 5. Mou. — 6. Liquide.

STRUCTURE ET FORME

7. Cristalline. — 8. Bacillaire (baguette fine). — 9. Aciculaire (Aiguilles). — 10. Fibreuse. — 11. Lamellaire. — 12. Laminaire. — 13. Micacée. — 14. Schisteuse. — 15. Grenue. — 16. Concrétionnée. — 17. Stalactiforme. — 18. Pisolithique. — 19. Oolithique. — 20. Nodulaire. — 21. Géodique. — 22. Compacte. — 23. Terreuse. — 24. Amorphe. — 25. Incrustée.

APPARENCE

26. Irisée. — 27. Chatoyante. — 28. Polychroïque.

SURFACE

29. Grenue. — 30. Drusique. — 31. Rude. — 32. Ecailleuse. — 33. Striée. — 34. Lisse. — 35. Spéculaire. — 36. Veloutée.

ECLAT

37. Vif. — 38. Mat. — 39. Métalloïdique. — 40. Métallique. — 41. Adamantin. — 42. Vitreux. 43. Résineux. — 44. Gras. — 45. Nacré. — 46. Soyeux. — 47. Transparent. — 48. Limpide. — 49. ½ transparent. — 50. Translucide. — 51. Opaque.

CARACTÈRE DE LA CASSURE

52. Saccharoïde. — 53. Conchoïdale. — 54. Unie. — 55. — Rayonnée. — 56. Esquilleuse. — 57. Inégale. — 58. Happant la langue. — 59. Onctueuse. — 60. Odorante.

2° COULEURS

(La lettre C est suivie de l'un des indices ci-dessous) :

1. Incolore. — 2. Blanc laiteux (cristallisé). — 3. Blanc laiteux (amorphe). — 4. Blanc mat. — 5. Rose. — 6. Rouge. — 7. Rouge foncé. — 8. Brun rouge. — 9. Violacé. — 10. Jaune orangé. — 11, Jaune franc. — 12. Jaune de miel. — 13. Jaune blond. — 14. J. de bronze, — 15. Jaune vert. — 16. Vert clair. — 17. Vert franc. — 18. Vert foncé. — 19. Bleu clair. — 20. Bleu foncé. — 21. Violet. — 22. Grisâtre. — 23. Noir. — 24. Brun. — 25. Blanc d'argent métallique. — 26. Jaune métallique. — 27. Rouge métallique. — 28. Gris métallique. — 29. Gris-noir de fer. — 30. Noir métallique. — 31 Brun métallique. — 32. Chatoyant. — X. Divers.

3° COULEUR DE LA POUSSIÈRE

(La lettre P est suivie de l'un des indices ci-dessous) :

1. Rouge. — 2. Rouge orangé. — 3. Brun jaune. — 4. Brun rouge. — 5. Brun. — 6. Gris rouge. — 7. Noir brunâtre. — 8. Gris verdâtre. — 9. Noir verdâtre. — 10. Gris bleuâtre. — 11. Gris noir. — 12. Noir.

4° CRISTALLOGRAPHIE

Le signe ≥ est suivi de l'un des signes ci-dessous

Axes rectangulaires :	1. —	Système cubique.
	2. —	" Quadratique.
	3. —	" Orthorhombique (rhombique).
Axes obliques :	4. —	" Rhomboédrique (hexagonal).
	5. —	Monoclinique.
	6. —	Triclinique.

5° POIDS SPÉCIFIQUE

Le poids spécifique est indiqué par P. S. — Les poids spécifiques extrêmes sont indiqués par des indices placés l'un au-dessus de l'autre.

6° DURETÉ

La dureté est représentée par la lettre D, suivie de l'un des nombres suivants :

Très tendres, rayés par l'ongle :	1. —	Talc laminaire.
	2. —	Gypse spéculaire.
Tendres, rayés par le couteau	3. —	Spath calcaire.
	4. —	Spath fluor translucide.
Assez durs, rayés par l'acier fortement trempé (lime, etc.)	5. —	Apatite cristallisée.
	6. —	Orthose adulaire.
	7. —	Quartz hyalin.
Très durs, rayent le verre et font feu au briquet.	8. —	Topaze blanche.
	9. —	Corindon hyalin.
	10. —	Diamant incolore.

NOTA. — Chaque minéral de cette échelle est rayé par celui qui le suit et raye celui qui le précède.

Exemple :

Jamesonite : $Pb^2\ Sb^2\ S^5$ — $\geq^3$ — $PS^{5,5}_{6}$ — $d^{2,5}_{2}$ — A^9 C^{25}_{28}

On doit lire :

La Jamesonite est une sulfoantimoniure de Plomb de formule $Pb^2\ Sb^2\ S^5$, cristallisant dans le système rhombique. Sa densité varie entre 5,5 et 6 et sa dureté entre 2 et 2,5.

Elle se présente avec une structure aciculaire et une coloration variant du blanc d'argent au gris métallique.

II. — STRATIGRAPHIE

Pour simplier le langage stratigraphique nous avons créé la notation simplifiée suivante :

Le chiffre qui précède la lettre G indique l'*ère* ; l'exposant qui accompagne la lettre G indique la *période* ; et l'indice inférieur l'*époque*.)

Exemple : $2\ G^6_5$ doit être traduit : ère secondaire, sixième période, cinquième époque.

Dans l'énoncé qui suit, les numéros des fossiles correspondent aux gravures de la planche annexée.

ÈRE PRIMAIRE OU PALÉOZOIQUE 1G

1G¹ — PÉRIODE ARCHÉENNE.

1G² — PÉRIODE PRÉCAMBRIENNE (radiolaires; annélides ?)

1G³ — PÉRIODE SILURIENNE

$1G^3_1$-Cambrien ; $1G^3_2$-Ordovicien ; $1G^3_3$-Gothlandien.

Fossiles : *premiers poissons ; trilobites ; première flore terrestre.*

Types : 83 Néreites ; 101 Discina pileolus ; 80 Lingule ; 97 Pigydium d'un Homalonotus ; 9 Nautile ; 41 Gomphoceras ; 65 Conularia pyramidata ; 64 Trilobite ; 107 Cardiola interrupta.

1G⁴ — PÉRIODE DÉVONIENNE :

$1G^4_1$-Gédinnien ; $1G^4_2$-Coblentzien ; $1G^4_3$-Eifelien ; $1G^4_4$-Givétien ; $1G^4_5$-Frasnien ; $1G^4_6$-Famennien.

Fossiles : *poissons ; trilobites ; précurseurs de la flore carboniférienne.*

Types : 35-34 Cyatophyllum ; 37 Calceola ; 6 Clymenia undulata ; 13 Goniatitus intumescens ; 51 Murchisonia bigranulosa ; 49 Macrocheilus subcostatus ; 74 Spirifer Verneuilli ; 96 Spirifer Rousseaui ; 103 Rynchonella.

1G⁵ — PÉRIODE CARBONIFÉRIENNE :

$1G^5_1$-Dinantien ; $1G^5_{2\text{-}3}$-Moscovien ou Westphalien ; $1G^5_{4\text{-}5}$-Ouralien ou Stéphanien.

Fossiles : *premiers Labyrinthodontes, amphibies, ganoïdes, sélaciens ; invertébrés ; acrogènes et gymnospermes : Lycopodinées, fougères, cycadées, conifères, etc.*

Types : 91 Productus cora ; 93 Athyris lamellosa ; 90 Spirifer glaber ; 11 goniatites du calcaire ; 29 Productus semireticulatus.

1G⁶ — PÉRIODE PERMIENNE :

$1G^6_{1\text{-}2}$-Autunien ou Artinskien ; $1G^6_{3\text{-}4}$-Penjabien ou Saxonien ; $1G^6_5$-Thuringien.

Fossiles : *Labyrinthodontes, amphibies, reptiles ; premières ammonées, productus ; végétaux acrogènes et gymnospermes, callipteris, Walchia, glossoptéris.*

Types : 29 Productus horridus ; 11 Popanoceras ; 78 Terebratula ; 90 Spirifer.

ÈRE SECONDAIRE OU MÉSOZOIQUE. 2G

2G¹ — PÉRIODE TRIASIQUE :

$2G^1_1$-Werfenien ; $2G^1_2$-Virglorien ; $2G^1_3$-Tyrolien ; $2G^1_4$-Juvavien.

Fossiles : *Labyrinthodontes ; Sauriens, Ichtyosauriens, Dinosauriens ; Cératites, arcestes, encrines, etc. ; voltzia, fougères, cycadées.*

Types : 7 Ceratites nodosus ; 2 ammonites ; 86 Orthoceras ; 23 Tachyceras ; 82 Brachiopodes du Muschelkalk ; 61 encrinus liniformis.

$2G^2$ — PÉRIODE LIASIQUE (ou Infra jurassique) :

$2G^2_1$-Rhétien ; $2G^2_2$-Hettangien ; $2G^2_3$-Sinémurien ; $2G^2_4$-Charmouthien ; $2G^2_5$-Toarcien.

Fossiles : *Sauriens ; premiers mammifères, squales, ganoïdes ; ammonites et belemnites, arietites, gryphées etc. ; règne des cycadées.*

Types : 3 Ammonites (arietis) ; 68 Ostrea cymbium ; 94 avicula contorta ; 8 Ammonites (œgoceras) planicosta ; 15 Ammonites (Harpoceras) ; 16 Ammonites (amaltheus) ; 19 Ammonites (liocéras) ; 25 Gryphea arcuata ; 75 Cardinia ; 79 Cardinia hybrida.

$2G^3$ — PÉRIODE MÉDIOJURASSIQUE :

(Oolithique) : $2G^3_1$-Bajocien ; $2G^3_2$-Bathonien.

Fossiles : *Sauriens, marsupiaux ; ammonites et belemnites ; cycadées, fougères, conifères.*

Types : 18 Ammonites humphriesianus ; 54 Pleurotomaria conoïdéa ; 63 Apiocrinus du bathonien ; 71 Trigonia costata du Bajocien ; 87 Terebratula Cardium du Bajocien.

$2G^4$ — PÉRIODE SUPRAJURASSIQUE :

$2G^4_1$ - Callovien ; $2G^4_2$ - Oxfordien ; $2G^4_3$ - Séquanien ; $2G^4_4$ - Kimeridgien ; $2G^4_5$ - Portlandien.

Fossiles : *Sauriens ; Ammonites et belemnites, diceras, huîtres, polypiers ; cycadées, araucaria, zamites, lomatoptéris.*

Types : 5 Ammonites Phylbocéras ; 10 Ammonites cordatus ; 12 Am. Backeriœ ; 17 Diceras ; 24 Ammonites coronatus ; 30 Ammonites macrocephalus ; 31 Ammonites coronatus ; 33 Nucléolites scutatus ; 46 Nérinéa ventricosa ; 67 Cidaris florigemma ; 73 Trigonia gibbosa ; 78 Terebratule ; 92 Ostrea virgulea ; 100 Ostrea deltoidea ; 106 Aptychus lamellosus.

$2G^5$ — PÉRIODE INFRA-CRÉTACÉE :

$2G^5_1$ - Néocomien ; $2G^5_2$ - Barrémien ; $2G^5_3$ - Aptien ; $2G^5_4$-Albien.

Fossiles : *Dinosauriens ; céphalopodes déroulés et rudistes ; premières angiospermes.*

Types : 1 Ammonites asterianus ; 4 Crioceras Duvali ; 39 Requienia ammonia ; 43 Turrilites vatenatus ; 47 Hamites attenuatus ; 50 Ancylocéras ; 85 Belemnites latus ; 32 Toxaster complanatus.

$2G^6$ — PÉRIODE SUPRA-CRÉTACÉE :

$2G^6_1$ - Cénomanien ; $2G^6_2$ - Turonien ; $2G^6_3$ - Emscherien ; $2G^6_4$ - Aturien ; $2G^6_5$ - Danien ; $2G^6_6$ - Montien.

Fossiles : *Oiseaux reptiliens ; céphalopodes déroulés, rudistes, scaphites, hippurites ; angiospermes.*

Types : 20 Caprine ; 22 Amm. Rotomagensis ; 26 Scaphites œqualis ; 28 Ostrea Columba ; 38 Micraster cor testudinarium ; 62 Radiolites cornu pastoris ; 66 Belemnitella mucronata ; 76 Cyclolites ellipticus ; 77 Baculites anceps ; 79 Hippuristes cornu vaccinum ; 84 Inoceramus labiatus ; 89 Inocerame ; 95 Spondylus spinosus.

ÈRE TERTIAIRE OU NÉOZOIQUE. 3G

3G¹ — PÉRIODE EOCÈNE :

$3G^1_1$-Thanétien ; $3G^1_2$-Sparnacien ; $3G^1_3$-Yprésien ; $3G^1_4$-Lutétien ; $3G^1_5$-Bartonien ; $3G^1_{6\text{-}7}$-Ludien ou Priabonien.

Fossiles : *Mammifères, pachydermes ; gastropodes et acéphales ; angiospermes.*

Types : 44 Cerithium giganteum ; 45 Turritella fasciata ; 56 Voluta cythara ; 57 Physa gigantea ; 58 Cerithe ; 59 Fusus longœvus : 60 melania inquinata ; 72 Cyrena cuneiformis ; 81 nummulites ; 98 cardita planicosta ; 102 Pecten ; 105 Chama calcarata.

3G² — PÉRIODE OLIGOCÈNE :

$3G^2_1$-Sannoisien ; $3G^2_2$-Stampien ; $3G^2_3$-Aquitanien.

Fossiles : *Mammifères, pachidermes, ruminants, gastropodes et acéphales, angiospermes.*

Types : 27 Planorbe ; 40 Rostellaire ; 42 Paludine ; Nummulites..

3G³ — PÉRIODE MIOCÈNE :

$3G^3_1$-Burdigalien ; $3G^3_2$-Helvetien ; $3G^3_3$-Tortonien ; $3G^3_4$-Samartien ; $3G^3_5$-Pontien.

Fossiles : *Mammifères ; ruminants ; cétacés ; squales ; gastropodes, acéphales ; angiospermes ; maximum de la richesse végétale.*

Types : 21 Amphistégina Haueri ; 36 Clypéastre ; 55 Paludines ; 69 Cardita Jouanetti ; 70 Congéria subglobosa.

3G⁴ — PERIODE PLIOCÈNE :

$3G^4_1$-Paisancien ; $3G^4_2$-Astien ; $3G^4_3$-Sicilien.

Fossiles : *Mammifères ; proboscidiens ; gastropodes et acéphales ; angiospermes ; déclin de la flore.*

Types : 40 Rostellaire ; 48 Limnée ; 52 Fusus Contrarius ; 53 Voluta Lamberti ; 88 Cyprina islandica.

ÈRE QUATERNAIRE. 4G

4G¹ — PERIODE PLEISTOCÈNE :

$4G^1_1$-Paleolithique ; $4G^1_2$-Néolithique.

Fossiles : *homme ; extinction des grands proboscidiens ; renne ; faune actuelle ; flore actuelle.*

III. — INDUSTRIE EXTRACTIVE

1° — MINES

Immédiatement à la suite du nom de la concession, nous avons inscrit celui de la commune où se trouve le siège principal de l'exploitation.

Le premier nombre qui suit indique le nombre d'hectares concédés ; le second indique le quantième ; le troisième le mois ; le quatrième l'année du décret de concession. Les abréviations qui suivent indiquent les substances concédées :

Ag — argent ; Pb — plomb ; Cu — cuivre ; Zn — zinc ;
Anth. — anthracite ; Sch. bit — Schistes bitumineux, etc., etc.

Exemple :

Navette (H. A.) Clémence, 1050^{H} — 30 — 5 — 66 — Cu, Pb, Ag.

On doit lire :

La concession de Navette (Hautes-Alpes), a son siège d'exploitation dans la commune de Clémence.

La concession s'étend sur une superficie de 1050 hectares. Elle a été instituée par décret du 30 Mai 1866 et elle autorise l'extraction du Cuivre, du Plomb, de l'Argent et des métaux connexes.

2° — PHOSPHATES

Nous ne donnons que des indications générales sur la nature des phosphates de chaque département.

Les premières abréviations indiquent l'état sous lequel se présentent les phosphates dans le département.

R — roche ; F — filons ; N — nodules ; S — sables.

Les abréviations suivantes se rapportent à la couleur des phosphates, puis à l'étage géologique du dépôt

Enfin, les nombres indiquent la teneur % en acide phosphorique

Exemple :

Nièvre (Phosph. de la), N. C^{3} jaunâtre 2 $G^{2,4,5}$ — 29 %

On doit lire :

Les phosphates de la Nièvre se présentent sous forme de " nodules ", amorphes, d'un blanc jaunâtre. On les trouve dans les assises des terrains secondaires et notamment dans le lias, le supra jurassique et l'infracrétacé. Ils titrent en moyenne 29 % d'acide phosphorique.

3° — SOURCES MINÉRALES

La première abréviation en chiffres arabes indique le nombre de sources exploitées et le chiffre romain la nature de l'eau :

I — Eaux sulfureuses ; II — Eaux alcalines ;
III — Eaux ferrugineuses ; IV — Eaux salines diverses.

L'abréviation qui suit indique l'étage géologique du point d'émergence et enfin les nombres qui terminent indiquent le degré de température de l'eau de source.

Exemple :

Luxeuil (H. Saône) 2 III — 10 IV — 2 G^{1} — 24° — 53°

On doit lire :

Il existe à Luxeuil, (H. Saône) deux sources ferrugineuses et dix sources salines diverses en exploitation.

Les points d'émergence appartiennent aux terrains secondaires et plus particulièrement au Trias.

La température de ces sources aux points d'émergence varie de 24° à 53° :

MOSAÏQUE PALÉONTOLOGIQUE

G 1
G 2
G 3
G 4
G 5
G 6
G 1
G 2
G 3

2 G 4
2 G 5
2 G 6
3 G 1
3 G 2
3 G 3
3 G 4
4 G

SYSTÈME G. HYVERT

SYSTÈME MNÉMOTECHNIQUE

composé spécialement pour faciliter l'étude des fossiles caractéristiques

TERMINOLOGIE GENERALE

DU

MINÉRALOGISTE PROSPECTEUR

PAR

GEORGES HYVERT

MINÉRALOGISTE, INGÉNIEUR CONSEIL

A

Aachenien .... $2G^{1}_{5}$ 1

Aalénien .... $2G^{3}_{1}$ 2

Aarite, v. Arite 3

Abichite, syn. d'Aphanèse 4

Abères (Ariège), Riverenert, 934^{m}-5-5-69-Pb,Zn 5

Abots (S.-et-O.), Cordesse, 305^{m}-8-2-65-Sch. Bitum 6

Abrazite, var. de Gismondine 7

Abriachanite, var. hydratée de Crocidotite 8

Abrest, (Allier) 3II-4G-10°-32° 9

Absarokite, R, basaltique à olivine et augite 10

Abzac (Charente), IV-$2G^{2}$-15° 11

Acadiatite, Acadiotite, var. de Chabasie 12

Acadien .... $1G^{3}_{1}$ 13

Acanthoïde, var. de Diopside 14

Abanthikon, Epidote bacillaire de Scandinavie 15

Acanthite, $A^{2}_{g}S$-P S, $_{7,2}$ à $_{7,3}$-Σ^{3}-$A^{2,5}$-P^{10}-C^{20} 16

Accates (B.-d.-R) Marseille, 295^{m}-1-3-1898-Soufre 17

Accous (B.-P.) III-$1G^{6}$-12 18

Actinolitique, (Schiste) 9

Acerdèse, $H^{2}M^{2}_{n}O^{4}$-P.S.$_{4,3}$-Σ^{3}-P^{1}-A^{8} 20

Achirite, syn. de dioptase 21

Achmatite, var. d'Epidote bacillaire de l'Oural 22

Achmite, v. Acmite 23

Achrématite, Arsénio-molyb. de Pb 24

Achroïte, tourmaline lithinifère incolore % Mno = % Feo. 25

Achtaragdite, helvine alter.-tétraëd, pyram 26

Achtaradite, ou ryndite, v. Achtaragdite 27

Acide, arsénieux, syn. d'Arsénolite 28

Aciculite, $Pb^{2}Cu^{2}Bi^{2}S^{6}$-Σ^{3}-A^{8}-C^{23}-P.S$_{6,76}$-$d^{2,5}$ 29

Acide borique, syn. de Sassoline 30

Acide molybdique, syn. de Molybdine 31

Acide tungstique, syn. de Wolframine 32

Acide Vanadique, syn. de Vanadine 33

Acmite, syn. d'Aegirine ou Aegyrine 34

Actinolite, syn. d'Actinote 35

Adinole, R. schisteuse cornéenne 36

Actinote (Mg Ca Fe) O.Si O². P.S. $^{2,8}_{a3,3}$ – d 5 à 5,5 – C^{18} P^{8} A^{5,5} Σ^{5} .. 37

Adamine, $H^2 Zn^4 As^2 O^{10}$ P.S^{4,3} d^{3,5} Σ^{3} A^{15,25} C$^{21-42}_{6-17-31}$ – 38

Adams-Cendras (Gard), Générargues, 1147^{H} 5-5-55 – Zn, Py. & 39

Adamsite, v. de Muscovite 40

Adelite, Arséniate de Ca, Mg 41

Adelpholite, v. de Columbite 42

Adinole, var. d'Albite 43

Adervielle (H.P.) 693.52 – 17–5–1899 – Mn 44

Adipite, syn. de Chabasie 45

Adipocire ou Cérite, syn. de Hatchettine 46

Adoux (A.M.) Gilette, 136^{H} 6–4–45 – Lignite 47

Adrech (B. d. R.) Fuveau, 38^{H} 29–5–48 – Lignite 48

Adulaire, Orthose, C^{t}, quelque fois chloriteuse .. 49

Aedelforsite, v. Edelforsite 50

Aedélite, v. Edelite 51

Aegyrine, (pyroxène), prismeall. A^{28} Na^{2} Fe^{2} Si O^{4} O^{12} P.S.^{3,5} d$^{6,5}_{6}$ .. 52

Aeltre, ... 5 G $\frac{1}{3}$ 53

Aerinite, silic. bleu de Fe, AL, Ca 54

Aenigmatite, (Amphibole) Na^{4} Fe^{9} (AL^{2} Fe^{2}) (Si Ti)^{12} O^{38} P.S.^{3,7} d^{5,5} A^{28,5} C^{83} 55

Aerosite, syn. de Pyrargyrite 56

Aerugite, arséniate de Ni 57

Aeschynite, titanobiate de Th, Ce, La, Di, Yt, Fe, Ca Σ^{3} .. 58

Afounal (Constant.) Eulmas, 1006^{H} 7–9–01 – Zn, Pb ... 59

Afrodite, v. Aphrodite 60

Aftalose, v. Aphtalose 61

Aftonite, v. Aphtonite 62

Agalite, Enstatite talqueuse 63

Agalmatolite, v. de Pyrophyllite à 6% de Ka OH – A^{44} C^{116} P.S.^{27} 64

Agalysien .... 1 G ^{1} 65

Agaphite, ou Agapite, syn. de Turquoise 66

Agate, Calcédoine Zonée, (Arborisée ou mousseuse) 67

Agel (Hérault) 1596.00 – 28–1–1829 – Lignite 68

Aglaïte, v. de Cymatolite 69

Agnésite, minéral stéatiteux 70

Agricolite, v. d'Eulytine 71

Aguilarite, sulfosélénuire d'argent 72

Agustite, syn. d'Apatite 73

Ahrien .... 1 G $\frac{4}{2}$ 74

Ahargo (B.P.) Montory. 125.00 – 7–3–1860 – Fer 75

Ahun-Nord (Creuse) Vaveix, 805^{H} 19–11–17 – houille ... 76

Ahun-Sud (Creuse) Vaveix, 1277^{H} 19–11–17 – houille ... 77

Aigaliers (Gard) idem – 576.00 – 18–4–1830 – Lignite .. 78

Aigueblanque (P.O.) Corsavy – 29.00 – 31–3–32 – fer ... 79

Aigue-marine, Emeraude, prism. bleue de Sibérie .. 80

Aigue-marine, Orientale, topaze bleue, verdâtre Σ^{2} .. 81

Aiguilliers (H.A.) Monêtier, 108^{H} 7–7–69 – Anthr. 82

Aiguillons (Isère) Venosc, 59^{H} 10–4–67 – Anthr. 83

Aikinite, v. Patrinite 84

Aillon (Ardèche), Aillon, 882.00 – 28–4–62 – fer ... 85

Aimafibrite, v. Hémafibrite 86

Ainalite, var. tantalifère de Cassitérite 87

Aimant, v. Magnétite 88

Ainigmatite, v. Aenigmatite 89

Aithalite, syn. d'Absolane 90

Ain (Phosph. de l') S, N. jaunâtre 2 G $^{5}_{1-3}$ – 2 G $^{4}_{2-5}$ – 20% 91

Aïn-Arko (Const.) 427^{H} 2–6–73 – Zn 92

Aïn-Barbar (Const.) Bône, 1317^{H} 13–5–66 – Zn, Py, Cu 93

Aïn-ben-Merouan (id.) 674^{H} 11–7–85 – Fe 94

Aïn-Bessen (Alger) – I – 2 G $^{5-6}$ 47 à 64° 95

Aïnhoa (B.P.), 1324^{H} 31–7–50 – Fe, Cu 96

Aïn-Mokra (Const.), 1996^{H} 9–11–45 – Fe 97

Aïn-Nouissy (Oran) – I – 3 G ^{3} 18° 98

Aïn-Oudet (Alger) Palestro, 2129^{H} 15–6–01 – Fe 99

Aïn-Sedma (Const.) Attia, 2116^{H} 11–4–79 – Fe 100

Aires (Hérault), Source, II – 1 G ^{1} 16° 101

Aisne (Phosphates de l') N. verdâtre 2 G $^{5-6}_{1-4}$ 102

Aix (B. d. R.) – IV – 3 G ^{3} 35° 103

Aix-les-Bains (Savoie) 5 I – II – 2 G ^{5} 14–15° 104

Aizac (Ardèche) – II – 1 G – 13° 105

Ajkite, var. d'Ambre 106

Akanthikon, v. Acanthikon 107

Akérite, var. bleue de Spinelle 108

Akermanite, silicate de Ca, Mg, Mn, AL 109

Akmite, syn. d'Acmite 110

Akontite, var. de Danaïte 111

Alabastrite, syn. d'Albâtre gypseux 112

Alabandine, Mn, S. P.S.$^{3,95}_{4,04}$ – d^{3,5} Σ^{1} A$^{22}_{25}$ – P^{8} C^{25} .. 113

Alais (Gard), 6326^{H} 16–7–28 – Fe 114

Alaisien, ... 3 G $\frac{3}{3}$ 115

Alaunien, ... 2 G $\frac{1}{4}$ 116

Alalite, var. de Diopside d'Ala (Piémont) 117

Alaskaïte, sulfure de Bi, Pb, Ag, Cu 118

Alban S^{t} (Loire) 4 II – 1 G ^{1} 17,2° 119

Alban-Fraysse (Tarn) – 1692.00 – 26–5–85 – Fe, Mn ... 120

Albâtre Oriental, calcaire zoné 121

Albâtre gypseux, syn. de gypse saccharoïde 122

Alberese, R. Schisto-gréseuse 123

Albert S^{t} (Nord) Condé, 45500 – 10–9–1841 – houille 124

Albertite, var. d'Asphalte 125

Albertville (Savoie) – II – 1 G ^{1} 11 126

Albi (Tarn) St Sernin, 356^{H} 12–10–86 – houille .. 127

Belonite, syn. de Patrinite 677
Bémentite, silic. hydr. de Mn, avec Fe, Zn, Mg 678
Beni Aquil (Alger). Ténès – 487H 11-5-61 – Cu, Pb, etc. 679
Benisaf (Oran) Concession de mine 680
Benoite (H. Alpes) Monêtier – 254H 7-7-69 – Anthr. ... 681
Bérain sur Dheune S. et L. et S. – 12000H 22-10-1782 – houille 682
Berangère (H. Savoie) – 37900 – 25-6-57 – Pb, Ag 683
Berard (Loire) St Etienne – 65H 4-11-24 – houille ... 684
Béraudière (Loire) Ricamarie – 680H 4-11-24 – houille 685
Béraunite, var. de Dufrénite 686
Bérengélite, résine fossile 687
Bérézofite, Chromocarbonate de Pb 688
Bergamaskite, var. d'Amphibole sans Mg 689
Bergmannite, v. de Mesotype 690
Berlinite, phosphate hydr. d'Al 691
Bernard-Serraz (Savoie) St Martin 130H 16-2-58. Anthr. 692
Bernicien .... 1 G $\frac{5}{1}$ 693
Bernonite, hydr. d'Al. Ca 694
Bernissartien ...... 2 G $\frac{4}{5}$ 695
Berriasien .... 2 G $\frac{4}{5}$ 696
Berrouaghia (Alger) – I – 2 G^{5-6} 41° 697
Bert (Allier) Montcombroux – 1055H 9-6-32 – houille 698
Berthierine, Minerai de fer 75 %, gris bleuâtre ou verdâtre ... 699
Berthierite $FeSb^2S^4$ P.S. $^{4}_{4,3}$ – $d\frac{3}{3}$ C^{29} A^6 700
Bertholène (Aveyron) – 50500 – 4-5-1820 701
Bertrameix (M. et M.) Piennes 42500 – 20-3-1900 – Fe 702
Bertrandite, silic. hydr. de glucine – $C^{?}_{1}$ – Σ^{3} 703
Béryl, v. émeraude 704
Béryllonite – ph. de Gl, Na 705
Berzélianite Cu^2Se – A^{25}_{7} – C^{25} ductile 706
Berzéliite, arséniate anhydre de Ca, Mg, Mn 707
Berzéline, v. d'Haüyne 708
Berzélite, syn. de Mendipite 709
Besimaudite, chloritoschiste très quartzeux 710
Bessèges – Robiac (Gard) 198300 – 16-7-28 Fe 711
Bettainvillers (M. et M.) 46300 – 20-3-1900 – Fe 712
Bethoux (Isère) Motte St Martin 82100 – 18-9-66 – houille 713
Betpouey – V. Barèges 714
Beuclas (Loire) Sorbiers – 16400 – 23-5-41 – houille .. 715
Beudantine, var. de Néphéline 716
Beudantite, Phospho-Arsénio sulfate hyd. de Pb et Fe vert olive. 717
Beurre de Montagne, v. jaune et grasse d'Halotrichite 718
Beurre de Tourbières, v. de Butyrine 719
Beustite, var. d'Epidote 720
Beuvillers (M. et M.) – 72300 – 3-6-1899 – Fe 721
Beyrichite $(Ni Fe)^5 S^7$ C^{29} A^8 – prismes tordus 722

Bezenet (Allier) – 11636 – 12-11-1828 – houille 723
Bhrekite, chlorite avec Ca et Mg 724
Biançon (Var). Montauroux – 248H 17-3-72 – Anthr. 725
Bidart (B.P.) Briscous – 55100 – 3-2-85 – sel 726
Biebérite, $H^{14}CoSO^{11}$ Σ^5 A^{25}_{17} – C^5 727
Bierosite, syn. de Dernbachite 728
Bielzite, résine fossile 729
Bigarrats (P.O.) 4000 – 31-3-1832 – Fe 730
Bigarré, v. grès bigarré 731
Bigsbyte, oxyde de Fe, Mn avec Ti 732
Biharite, var. de Pagodite 733
Bilazais (Deux-Sèvres) – I – 2 G^{3-4} 10° 734
Bildstein, v. Agalmatolite 735
Billabaux (B.A.) St Martin de Renacas – 285H 21-1-77 – Lig. 736
Bilobites, traces présumées des fossiles siluriens .. 737
Binnite, arséniosulfure de Cu 738
Bio (Lot) – IV – 2 G^4 – 16° 739
Biolles (Allier) Néris – 358H 11-3-1842 – houille. 740
Biotine, var. d'Anorthite 741
Biotite, term. gén. des micas potassiques hexagonaux 742
Biphosphammite, var. de Guano 743
Bischofite, chl. hyd. de Mg 745
Bischofvillite, syn. de Sheppardite 746
Bisilicate de Franklin, syn. de Troostite 747
Biskra (Constantine) – I – 3 G^4 46°,2 748
Bismite, syn. de Bismuthocre 749
Bismuth Bi – P.S. $^{9,7}_{9,83}$ – $d\frac{2}{2},5$ – A^{11}_{15} – C^{26} Σ^4 750
Bismuth silicaté, syn. d'Eulytine 751
Bismuth sulfuré syn. de Bismuthine 752
Bismuth sulfuré cuprifère, syn. de Wittichenite ... 753
Bismuthaurite – Or bismuthifère 754
Bismuthine Bi^2S^3 P.S. $^{6,4}_{6,6}$ – $d\frac{2}{2},5$ – Σ^3 – A^9 C^{28} .. 755
Bismuthinite – syn. de Bismuthine 756
Bismuthite $H^2Bi^6C^{12}O$ – P.S. $^{6,2}_{7,6}$ – $d\frac{4}{4},5$ – Σ^3 – A^{23} C^{25} .. 757
Bismuthocre Bi^2O^3 P.S. 4,36 – A25 – C^{16} 758
Bismuthoferrite, silicate de Bi et Fe 759
Bismutholamprite, syn. de Bismuthine 760
Bismuthosphérite, carb. hyd. de Bi 761
Bismutite, v. Bismuthite 762
Bismutosmaltine $Co(As, Bi)^3$ 763
Bissorte (Savoie) Modane – 40000 – 3-6-1860 – Fe 764
Bitume glutineux, v. Malthe 765
Bitumenite, syn. de Torbanite 766
Bitumes, term. génér. mél. d'hydrocarbures liquides 767
Bitumineux (Schistes) .. 2 G^2 768
Bixbyite, V. Bigsbyite 769

Bize (Aude) 164600 – 2 – 12 – 1814 – Lignite, Alun etc. 770
Bjelkite, v. de Cosalite. 771
Blackband .... 1 G^{5}_{7} 772
Black Coal, syn. de houille 773
Blackmorite, var. d'opale 774
Blakéite, v. de Coquimbite 775
Blattérine, syn. d'Elasmose 776
Blanc des lacs, (craie lacustre) 777
Blannaves (Gard) Branoux – 229^{H} 15-12-36 – Fe 778
Blaviérite, pseudo stéatite quartzeuse 779
Blanzey (M et M.) Bouxière 345^{H} 28-12-74 – Fe 780
Blanzy (S. et Loire) 4253^{H} 12-10-41 – houille anthr. 781
Bleinière $H^8 Pb^3 Sb^2 O^{12}$ 782
Blende Zn S – P.S. $^{3,9}_{4,1}$ – $d^{3,5}_{4}$ – Σ^{1} – A^{41}_{44} – $C^{8,23,7}_{12,14}$ – Pb 783
Bliabergite, silic. hyd. de Al. Fe M. syn. d'Ottrelite 784
Bloraux, (Argile à) diluvium pierreux argileux .785
Blocs erratiques. v. erratique 786
Blodite $H^8 Na^2 Mg S^2 O^{12}$ – P.S. $^{2,22}_{2,29}$ – d3 – Σ^{6} 787
Blomstrandite, niobo titanate hyd. d'urane 788
Bluech-Pradal (Lozère) St Privat – 1013 – 20-6-41. Pb. Ag. 789
Blumite, var. ferrifère de Hübnérite 790
Bobierrite, $Mg^3 P^2 O^8_4$ Aq – masses tuberculées. Σ^{5} 791
Bodenite, var. de Muromontite 792
Boës St (B.P.) – IV – 2 G^{6} 14°.......793
Bog-head, bitume schisteux 794
Bog manganèse, var. de Wad 795
Boghead, v. de bitume schisteux 796
Bogoslowskite, silic. impur. de Cu 797
Bohémien – 1 G^{8}_{3} 798
Boines (Isère) Motte – 7700 – 9 – 8 – 1834 – Anth. 799
Bois. (M. et L.) Segré – 121900 – 21-11-74 – Fe 800
Bois bitumineux, var. de lignite fibreux 801
Bois d'Avril (M et M.) Avril 432^{H} 1-9-83 – Fe. 802
Bois d'Asson (B.A.) St Maime – 172^{H} 20-10-48 Sc, Bi. 803
Bois Flavemont (M. et M.) Lay 20600 – 23-2-74 – Fe. 804
Bois du Four (M et M) Pont St Vincent, 233^{H} 26-6-69 – Fe. 805
Bois la Garde (A.M.) Biot – 1690^{H} 24-6-1859 – Mn 806
Bois du Roi (B.A.) Fontienne – 37^{H} 21-9-45 – Lignite. .807
Bois St Sauve (P. d. D.) – 302^{H} 4-3-1895 – Antimoine. 808
Bol, argiles ferrugineuses, éclat cireux, P.S. $^{1,6}_{2}$ – d $^{1,5}_{2,5}$ 809
Boléite, $Pb Cl^2$, $Cu OH^2 O$, ½ Ag Cl – P.S. 5.08 – d3 – Σ^{7} C^{20} 810
Boldérien – 3 G^{3}_{4} – 6 811
Bolonien – 2 G^{4}_{3} 812
Bolivianite – Stibine argentifère 813
Bolivite – Oxysulfure de Bi 814
Bolophérite. syn. d'Hédenbergite 815

Bolorétine, résine fossile 816
Bolovérite, var. d'Anthophyllite 817
Boltonite, var. alumineuse de Forstérite 818
Bombes Volcaniques, projections scoriacées 819
Bombes d'Olivine, concrétions lherzolitiques 820
Bombiccite, résine fossile 821
Bombite. v. de Mélanite 822
Bonade (S.O.) Corsavy – 3000 – 31-3-1832 Fe. .823
Bone-bed, couche à ossements du Dinantien .824
Bonnac (Cantal) 43600 – 15-6-1887 – Mispickel. 825
Bonneterre (Aveyron) St Laurent – 186^{H} 16-1-88. Cu etc. 826
Bonnet la Rivière St (Corrèze) Chabrignac – 816 – 4-7-57 – houille 827
Bonnevaux (Hte Savoie) – 188^{H} 28-4-1840 – Lignite 829
Bononien .... 2 G^{4}_{5} 830
Bonsdorffite, var. de Fahlunite 831
Boracite, $Mg^6 B^{16} O^{30} Mg Cl^2$ – P.S. 2.91 – d 7 – Σ^{1} – A^{53}_{42} – $C^{7,2}_{12,22}$ .832
Borax, $H^{20} Na^2 B^4 O^{17}$ P.S. 1,7 – $d^{2,5}_{2}$ – Σ^{6} – C^{2} 833
Bordite, var. d'Okénite 834
Bordosite. chl. de Hg. et Ag 835
Borickite, phosph. hydr. de Fe et Ca 836
Bormidien .... 2 G^{2} 837
Bornine, v. Tétradymite 838
Bornite, v. Erubescite 839
Borocalcite, syn. d'Hayésine 840
Boromagnésite, syn. de Szaibelyite 841
Boronatrocalcite, syn. d'Ulexite 842
Bort, diamant en boules, structure radiée 843
Bort (Orgues de) .. basaltes 844
Bosjémanite, Alun de Manganèse 845
Bosnien .... 2 G^{1} 846
Bostonite, syn. de Chrysotile 847
Botallackite, var. d'Atacamite 848
Bottnien .... 1 G^{1} 849
Botryogène, fer sulfaté rouge. Σ^{6} 850
Botryolite, var. de Datolite 851
Bouble (P. de D.) St Eloy – 3$^{K}_{11}$ – 26-8-98 – houille 852
Bou-Chef (Constantine) – 982^{H} 8-10-1901 – Zn, Pb. 853
Bouches du Rhône. (phosphates des) N. gris. 2 G^{5}_{2} – 20 %. 854
Bouglisite, mél. de gypse et d'Anglésite 855
Boulangerite, $Pb^5 Sb^4 S^{11}$ P.S. $^{5,8}_{6}$ – $d^{2,5}_{3}$ – Σ^{3} – C^{28} 856
Boulonite, syn. de barytine 857
Bourbolite. var. de sulfate de Fe 858
Bourchila, v. Nefzas 859
Bouchères des Clauzels, v. Fourques 860
Bouchier (H.A.) St Martin, 2816 – 2-5-27 – Anthr. 861
Boudonville (M. et M.) Maxeville – 430^{H} 17-9-64 – Fe 862

Boufferie (Vendée) Faymoreau – 361^{H} 1-2-31 – houille ... 863
Bou-Hamza (Constantine) Bône – 1375^{H} 9-11-45 – Fe ... 864
Bouillac (Aveyron) – 638^{H} 10-1-83 – Pb, Ag, Cu ... 865
Bouilladise (B.d.R.) Auriol – 4866 – 14-8-22 – Lignite ... 866
Bou-Kadra (Constantine) Morsott – 1280^{H} 7-9-1901 – Zn – Pb ... 867
Bou-Lanague – V. Tabarka ... 868
Boulangérine, v. Boulangérite ... 869
Boulot (P.O.), 73.39 – 2-1-45 – Fe ... 870
Bouligny (M. et M.) 43600 – 20-3-1900 – Fe ... 871
Boulonite, syn. de Barytine ... 872
Boulon (Calvados) – III – 1 G^{3} 11° ... 873
Boulou (P.O.) – 5 II – 1 G^{3} 2° 18° ... 874
Boupère (Vendée) – 131100 – 16-8-1883 – Antimoine ... 875
Bouquies-Cahuac (Aveyron), Decazeville – 930^{H} 2-1-32 – houille ... 876
Bourbolite ou Bourboulite, var. de Sulfate de Fe ... 877
Bourgeoisite, var. douteuse de Wollastonite ... 878
Bournonite $Cu^{6}Pb^{3}Sb^{2}S^{6}$ – P.S $^{5.7}_{5.87}$ – $d^{3.5}_{3}$ – Σ^{3} – A^{2} – C^{28} ... 879
Bousquet d'Orb (Hérault) – 2547^{H} 9-4-1778 – houille ... 880
Bousquet d'Orb (Hérault) – 1668 – 18-3-32 – Cu ... 881
Boussagues (Hérault), Graissessac, 1650^{H} 4-11-1769 – houille ... 882
Boussingaultine, sulf. double d'Ammoniaque et de Magnésie ... 883
Bourbonne (H. Marne) – 8 IV – 2 G^{1} 47° 66° ... 884
Bourbonges (H. Savoie) – 1000 – 19-1-1839 – Asphalte ... 885
Bourbon l'Archambault (Allier), St Jonas – III – 1 G^{1} 11° ... 886
Bourbon l'Archambault (Allier), St Jonas – IV – 1 G^{1} 52°5 ... 887
Bourbon-Lancy (Saône et Loire) – 3 IV – 1 G^{4} 46° 60° ... 888
Bourboule (P.d.D.) – 10 II – 1 G^{1} trachyte – 15° 60° ... 889
Bourges (P. de Calais), Hénin-Liétard, 3787^{H} 5-8-52 – houille ... 890
Bourg St Maurice (Savoie) – IV – 2 G^{1} Schistes lustrés – 35° ... 891
Bourne (B.A.), Manosque – 8253 – 24-11-96 – Soufre ... 892
Bou-Sfer (Oran) – IV – dolomie – 35°5 ... 893
Boussan (H.G.) – IV – 2 G^{5} 16° ... 894
Bout (Isère), Pinsot, 1659^{H} 10-11-55 – Fe ... 895
Boutaresse (T. d. D.) St Alyre – 9400 – 13-11-39 – bitume 896
Boutières (Isère) Laval – 513^{H} 10-2-1858 – Anthrac. 897
Bouxières aux Dames (M. et M.) 32200 – 16-8-59 – Fe 898
Bouzaréa (Alger) – II – 1 G (Schistes) 16° ... 899
Bouzogle (Creuse) Bourganeuf – 25500 – 4-3-29 – houille 900
Bouzole (la) (Aude), Maisons – 3700 – 27-4-38 – Antimoine 901
Bordézac (Gard) – 24300 – 5-3-1833 – Fe 902
Bordézac (Gard) – 12800 – 26-6-1832 – houille ... 903
Bormettes (Var) Hyères, 47400 – 11-2-1885 Pb, Ag, etc. 904
Bosmoreau (Creuse) – 66400 – 19-7-1826 Fe ... 905
Bosmoreau (Creuse) 664^{H} 19-7-26 – houille ... 906
Boson (Var) Fréjus – 308.16 – 27-9-75 – houille bitume 907
Bosserville (M. et M.) La Neuville – 302^{H} 27-2-89 – Sel ... 908
Bowenite, Antigorite compacte ... 909
Bowlingite, Antigorite ferrifère ... 910
Boyèze (A.M.) Ascros – 477 – 24-12-81 – houille ... 911
Braardite, syn. d'Argent rouge ... 912
Bracheux (Sables de), glauconieux – 3 G_{1}^{1} ... 913
Brachy (Ariège) Esplas – 268^{H} 20-7-94 – Mn ... 914
Bradfordien ... 2 G_{2}^{3} ... 915
Bragite, Zircon alt. ou v. de Fergusonite ... 916
Brahmanien ... 2 G^{1} ... 917
Brainville (M. et M.) 1155^{H} 27-8-89 – Fe ... 918
Branchite, cire fossile ... 919
Brandisite, Clintonite plus forr. que la Seybertite – C^{17} 920
Brandtite, arsen. hyd. de Ca. Mn ... 921
Brasilite, syn. de Baddeleyite ... 922
Braunite $Mn^{2}O^{3}$ P.S. $^{4.7}_{4.9}$ – $d^{6}_{5.5}$ – Σ^{2} A^{2} C^{23} ... 923
Braunite, fer nickelé météorique ... 924
Bravaisite, silicate d'alumine avec Fe, Ca, Mg, K, Al ... 925
Brazilianite, syn. de Wavellite ... 926
Brazilite, v. de Brasilite ... 927
Brecciole, var. de tuf. bartonien ... 928
Brèche, conglomérat anguleux ... 929
Brehain (M. et M.) 373^{H} 10-3-1886 – Fe ... 930
Brette (Drôme) – 993^{H} 21-2-1901 – Zn, Pb ... 931
Breuil (Cantal) – 354^{H} 21-11-93 – Antimoine ... 932
Breithauptite, NiSb – P.S 7.5 – $d^{5.5}_{5}$ – tabl. hex. C^{27} ... 933
Breunérite, Spath brunissant, 16% FeO – P.S 3.1 – $C^{2.4}_{22.11}$ ... 934
Brévicite ou Brevigite, var. de Mésotype ... 935
Brewstérite, $H^{10}(Sr,Ba)Al^{2}Si^{6}O^{21}$ P.S. $^{2.12}_{2.2}$ – $d^{5.5}_{5}$ – Σ^{5} – $C^{1.2}_{22}$ ... 936
Brewstoline, var. de Naphte ... 937
Brie (Calcaire de) ... 3 G_{1}^{2} ... 938
Briey (M. et M.) 1093^{H} 7-4-87 – Fe ... 939
Brides (Savoie) – IV – 2 G^{2} 35° ... 940
Brignancourt (S. et Oise) – IV – 3 G^{1} 10° ... 941
Brindos (B.P.) Biarritz – 874^{H} 23-5-87 – Sel ... 942
Brion (Lozère) – II – 1 G^{1} 36° ... 943
Brioverien – 1 G^{2} ... 944
Briscous (B.P.) – 5,75 – 9-11-1844 – Sel ... 945
Briscous (B.P.) – IV – 2 G^{1} 12° ... 946
Brochite ou Brocchite syn. de humite ... 947
Brochantite, $H^{6}Cu^{4}SO^{10}$ P.S. $^{3.8}_{3.9}$ – $d^{3.5}_{4}$ – Σ^{3} C^{17} ... 948
Broggerite, uranate de Fe, Pb, He ... 949
Bromargyrite, Bromargyre, bromite, v. Bromite ... 950
Bromite, AgBr – P.S. $^{5.8}_{6}$ – d^{1}_{2} – Σ^{1} C^{15}_{18} ... 951
Bromlite, syn. d'Alstonite ... 952
Bromyrite, v. Bromite ... 953
Brongniardite, v. de Jamesonite ... 954

Brongniartine, syn. de Brochantite et de Glaubérite ... 955
Bronzite, Enstatite à 12% de Fe – P.S $\frac{3.5}{3}$ – C^{20} 956
Brookite, TiO^2 – P.S. $\frac{4.08}{4.13}$ – d6 – Σ^3 – $C^{8.14}_{7}$ 957
Brosite, ou brossite, v. de Dolomie 958
Broual (Aveyron) Decazeville, 28500 – 2-1-32 – houille ... 959
Bromont (P. d. D.) II – 1 G^1 – 12° 960
Bronzitites – R grenue sans feldspath avec 956 et diopside 961
Brousse (Aveyron) – 78300 – 16-7-53 – houille 962
Brownlite, v. Bromlite 963
Bruay (P. d. C.) 4901 ^{H} 29-12-66 – houille 964
Brucite, H^2MgO^2 – P.S. $\frac{2.3}{2.4}$ – d 2.5 – Σ^4 – A^{71}_{42} – C^{2}_{10} 965
Brucourt (Calvados) – III – 2 G^4 – 11° 966
Bruiachite, fluorure de Ca et Na 967
Bruille (Nord) 403 ^{H} 6-10-32 – houille 968
Brulon (Sarthe) St Ouen 1036 ^{H} 27-12-44 – Anthr. 969
Brunnérite, var. bleue de Calcite 970
Brushite, $H^{2}CaP^2O^{12}$ – P.S. 2.2 – d 2.5 – Σ^5 – A^{16}_{11} ... 971
Brusque (Aveyron) 505 ^{H} 11-8-56 – Pb. 972
Bruxellien ... 3 G^1_4 973
Bruyère (P. d. D.) St Jean Gervais – 913 ^{H} 27-6-27 – Pb. Ag. 974
Bruyère (Loire) 1219 ^{H} 11-7-43 – Anthracite ... 975
Bucaramangite, résine fossile 976
Bucholzite sillimanite fibreuse et compacte ... 977
Buchonite, néphéline à hornblende 978
Bucklandite, var. noire d'épidote 979
Buffaz (la) Savoie – St Michel – 73 ^{H} 1-10-54 – Anthr. 980
Bulard (Ariège) – 434 ^{H} 15-6-93 – Pb, Zn, Ag. 981
Bully (Rhône) – 2 III – 1 G^1 – 12° 982
Bully (Calvados) – 402 – 5-3-96 – Fe 983
Bully-Fragny (Loire) – 929.93 – 11-7-43 – Anthracite 984
Bully-Grenay, v. Grenay 985
Bunsénine, v. Krennérite 986
Bunsénite, NiO – P.S. 6.4 – d 5.5 – Σ^1 – A^{42} – C^{17} ... 987
Bunsite, syn. de Parisite 988
Burande (P. d. D.) Singles – 647 ^{H} 10-11-60 – houille ... 989
Buratite, Aurichalcite calcifère $C^{16.19}_{18}$ – A^{10} – P.S 3.2 ... 990
Burdigalien ... 3 G^3_1 991
Burkéguy (B. P.) Larrau – 301.14 – 7-3-60 – Fe 992
Burmite, résine fossile 993
Burnot (poudingue de) ... 1 G^4_2 994
Bushamite, syn. d'Apjohnite 995
Bussang (Vosges) – 3 II – 1 $G^{2.4}$ – 11-12 996
Bussières (Hte Marne) – IV – 2 G^1 – 13° 997
Bustamentite, Iodure de Pb 998
Bustamite, rhodonite calcifère, nodules radiés fibreux. 999
Buthégnemont (M. et M.) Nancy – 301 ^{H} 17-8-64 – Fe ... 1000

Butyrite, ou butyrellite, beurre des tourbières v. Ambrite 1001
Buxière la Grue (Allier) 310 ^{H} 1-2-49 – houille 1002
Buxière la Grue (Allier) 310 ^{H} 7-4-49 – sch. bitume ... 1003
Byerite, charbon minéral voisin d'Albertite 1004
Byssolite, v. verte d'Actinote du Tyrol 1005
Bytownite, feldspath plus calcifère que le labrador. 1006

C

Cabesses (Ariège) Rivernert 613 ^{H} 28-11-90 – Mn ... 1007
Caborle, var. d'Evansite 1008
Cabrérite var. d'Annabergite avec Co et Mg 1009
Cabrières (Hér.) 603 ^{H} 15-9-1862 – Cu. Ag. 1010
Cacheutaïte, Cacheutite, Séléniure de Pb et Ag 1011
Cacholong, v. d'opale en rognons ou enduits jaunâtres. 1012
Cacochlore, v. d'Abolane 1013
Cacoclasite, esp. voisine de Gehlenite, avec Ph ... 1014
Cacoxène, dufrénite hydratée – A^2 jaunâtre ... 1015
Cadéac (H. P.) – 6 I – 1 G^3 – 13°8 1016
Cadière (Var) – 359 ^{H} 24-3-1824 – Lignite ... 1017
Cadmium sulfuré, v. Greenockite 1018
Caen (Calc. de) ... 2 G^3_2 1019
Caenite, Cerite, v. Kaïnite 1020
Caenozoïque, groupe tertiaire ou néozoïque ... 1021
Caeruléolactite, v. de Wavellite 1022
Caillasse marne d'eau profonde du Bathonien 1023
Caillou du Rhin, quartz transparent ... 1024
Cailloutis glacière – 3 G^4 1025
Caïnite, v. Kaïnite 1026
Cajuelite, syn. de Rutile 1027
Calaïte, v. Callaïte 1028
Calamiac (Hér.) Eivinière – 497 ^{H} 25-2-51 – Lignite ... 1029
Calamine, $H^2Zn^2SiO^5$ – P.S. $\frac{3.35}{3.5}$ – d 5 – Σ^3 – A^{42}_{45} – $C^{1.2.15}_{18.11.19}$ ... 1030
Calamine terreuse, v. Zinconise 1031
Calaminière (Loire) St Jean de Bonnefonds 161 ^{H} 14-5-49 – houil. 1032
Calamite, var. de Trémolite 1033
Calavérite, $(Au^7Ag)Te^2$, 3% d'Ag, A^7_{25}, C^{26} 1034
Calcaire, syn. de Calcite 1035
Calcaire carbonifère – 1 G^5 1036
Calcaire corallien – v. corallien 1037
Calcaire corné, pétrosiliceux métamorphique ... 1037
Calcaire grossier (à miliolites), couronne locale à Cérithe, 3 G 4 1038
Calcaire grossier, calc. argilo arénacé 1039

Calcaire magnésien, v. dolomie calcaire 1040
Calcaire marneux – 2 G^3. argileux jaunâtre 1041
Calcaire oolithique – v. oolithique 1042
Calcaire pisolithique – 2 G^5_3 (concrétions) 1043
Calcaréo trappéen – 3 G^1_3 1044
Calcareous grit, calc. grès jaunâtre – 2 G^4_7 1045
Calcanalcime, v. d'Analcime 1046
Calcarcobaryte, v. calcarifère de barythine 1047
Calcocélestine, v. calcarifère de célestine 1049
Calcédoine, silice concrétionnée (terme générique) 1050
Calcifère (grès) .... 1 G^3_2 1051
Calcéoles (schistes à) .. 1 G^4_3 1052
Calcimangite, syn. de Spartaïte 1053
Calcinitre, syn. de Nitrocalcite 1054
Calciocélestine, v. calcicélestine 1055
Calcioferrite, v. Calcoferrite 1056
Calciostrontianite, var. de strontianite 1057
Calciothorite, alt. d'un silicate de Th 1058
Calciovolborthite, volborthite calcaire > 12% Ca O. 1059
Calciphyre, calc. à cristaux d'Albite 1060
Calcite, $Ca\,CO^3$ – P.S. $^{2,70}_{2,73}$ – d3 – Σ^4 – (polychrome) gr. à C^{12} 1061
Calcoferrite, v. de Beufrénite 1062
Calcomalachite, mel. de malachite, calcite, gypse 1063
Calcouranite, v. d'Uranite 1064
Calcovanadite, vanadate de Ca 1065
Calcozincite, mel. de Zincite et Calcite 1066
Calcowavellite, var. de Wavellite 1067
Caldérite, var. compacte de Grossulaire 1068
Calédonite, $PbSO^4$ (PbCu) (O^3 – Σ^3 – (sulfocarbonate) 1069
Callaïnite, Callaïte, Turquoise vert émeraude sans Cu 1070
Callochrôme, syn. de Crocoïse 1071
Callovien ... 2 G^4_7 1072
Calomel, Hg^2Cl^2 – P.S. $^{6,4}_{6,5}$ – $d\frac{1}{2}$ – Σ^2 – $C^{22,2}_{24}$ 1077
Calschiste, schiste calcaire, micacé, lenticulaire 1078
Calstronbaryte, var. de barytine avec Ca et Sr 1079
Calvonigrite, var. de psilomélane 1080
Calyptolite, var. alter. de Zircon 1081
Camarade (Ariège) 4200 – 25 – 9 – 1848 – Sel 1082
Camarès (Aveyron) – 4 III – 2 G/ – 12° – 14° 1083
Camares (Aveyron) – 21900 – 10 – 12 – 1855 – Cu 1084
Camblain-Chatelain (P.d.C.) – 746^H 13 – 8 – 95 – houille 1085
Cambo (B.P.) III – IV – 2 G $^{3-4}$ 16° 22° 1086
Cambrium, schistes et phyllades du Cambrien 1087
Cambrien ... 1 G^2 1088
Camerata (Oran) Aïn Temouchent 1182^H 9 – 2 – 83 – Fe 1089
Camoins (B.d.R.) Marseille 385^H 1 – 3 – 98 – Soufre 1090

Campagnac, v. Lavergne et Le Mazel 1091
Campagne sur Aude (Aude) – 2 IV – 2 G^6 – 24° 28°5 1092
Campan, v. marbre griotte (à goniatites) 1093
Campanien ... 2 G^2_4 1094
Campine (Sables de) .... 4 $G^?$ 1095
Campbellite, var. de Chalypite 1096
Camptonite, porph. à amphibole et plagioclase 1097
Campylite, v. de Mimétèse 1098
Canaanite, var. compacte de Wernerite 1099
Canadien .... 1 G^3_2 1100
Canala, concession de Nickel de Nouv. Calédonie 1101
Canaveilles (P.O.) 1226^H 30 – 1 – 30 – Cu 1102
Canaveilles (P.O.) – 12 I – 1 G^3 – 25° 64° 1103
Cancrinite, Nepheline altérée. P.S. $^{2,42}_{2,46}$ – $d^{5,5}$ – $C^{5,11}_{15}$ – A^{11} 1104
Candite, Spinelle, vert, bleu, brun 1105
Canfieldite, var. stannifère d'Argyrodite 1106
Cannel-coal, houille à gaz flambante 1107
Cantalite, v. de Pétrosilex 1108
Cantebonne (M. et M.) Villerupt – 1000 – 19 – 6 – 75 – Fe 1109
Cantonite, Covelline cubique 1110
Caoutchouc minéral, v. Elatérite 1111
Cap-Garonne (Var) Garde – 660^H 3 – 8 – 62 – Cu 1112
Capillose, syn. de Millérite 1113
Capnite, Smithsonite ferrifère 1114
Caporcianite, var. de Laumontite 1115
Cappe (Loire) Lorette – 8200 – 17 – 11 – 1824 – houille 1116
Cappelénite, silic. hyd. de Ct. Y. Ba. etc 1117
Caprotines (calc. à) étage urgonien d'Orbigny 1118
Cap-Ténès (Alger) Ténès – 1138^H 4 – 5 – 49 – Cu – Pb 1119
Capvern (H.P.) – IV – 2 G^6 21° 1120
Caracolite, Oxychlorure de Pb avec sulfate de Na 1121
Carbocérine, var. de Lanthanite 1122
Carboire (Ariège) Ustou – 1605^H 5 – 12 – 61 – Pb, Zn, Ag, Cu 1123
Carbonado, Diamant noir 1124
Carboniférien ... 1 G^4 1125
Carbonite, coke naturel 1126
Carbonyttrine, carbonate d'yttria 1127
Carcanières (Ariège) – 10 I – 1 G^1 – 31° 50° 1128
Carcassien .... 3 G^1_4 1129
Carcassonne (grès de) – 3 G^1_4 1130
Cardo (Corse) Bastia – 236^H 18 – 7 – 68 – Cu, Py, Fe 1131
Carentonien ... 2 $G^?_?$ 1132
Cargneule, ou Cornioles, marnes triasiques – 2 G 3-4 1133
Carinthine, var. de Hornblende 1134
Carinthite, syn. de Wulfénite 1135
Carmaux (Tarn) 8800.00 27 pluviôse IX. houille 1136

Carménite, mel. de Chalcosine et de Covellite ... 1137

Carminite, arséniate de Fe, Pb ... 1138

Carnallite, $KCl, MgCl^2, 6H^2O$ – PS1,6 – d1 – Σ^3 – A^{15}_{20} – C^3_5 1139

Carnat, Kaolin ferrugineux ... 1140

Carnatite, var. de Labrador ... 1141

Carnéliane, syn. de Cornaline ... 1142

Carnien ... 2G $\frac{1}{3}$ ... 1143

Carolathine, Allophane bitumineuse ... 1144

Carolinien ... 3G $\frac{3}{5}$ ... 1145

Carpholite, Zéolite alumineuse ... 1146

Carphosidérite, sulf. hyd. de Fe ... 1147

Carphostilbite, var. de Thomsonite ... 1148

Carrollite, Sulfure de Cu et Co ... 1149

Carros (A.M.) 296H. 14 – 12 – 85 – houille ... 1150

Carstone, Sable ferr. du Gault ... 1151

Carton de Montagne, Amiante ... 1152

Carton (Schistes) 2G $\frac{2}{4}$ ... 1153

Cartennien ... 3G $\frac{3}{1}$ ... 1154

Carvin (P.d.C.) – 1150H. 19 – 12 – 1860 – houille ... 1155

Cassagnas (Lozère) – 624H. 12 – 2 – 32 – Antimoine ... 1156

Cassaigne (Gers) – IV – 3G $^{3-4}$ 55° ... 1157

Cassen (Landes) – I – 2G $^{5-6}$ 15° ... 1158

Cassinite, feldspath. barytique ... 1159

Cassitérite, SnO^2 – PS6,96 – d $\frac{6}{7}$ – Σ^2 A $\frac{10}{7}$ – C $\frac{23}{24}$ ... 1160

Cassitérotantalite, var. de Tantalite ... 1161

Cassuejouls (Aveyron) – III – 3G – 4G – 12° ... 1162

Castanet le haut (hérault) – 674H. 6 – 8 – 36 – Anthr. 1167

Castanite, sulfate hyd. de Fe ... 1164

Castanviels (Aude) Caunes – 516H. 24 – 7 – 75 – Fe – Mn. 1165

Casteil (P.O.) 1 – 12H. 15 – 2 – 98 – Fe ... 1166

Castellite, var. de Sphène ... 1167

Castelnuir (Ariège) Bastide – 342H. 20 – 8 – 73 – Fe ... 1168

Casteljaloux (L. et G.) – II – 4G – 10° 15° ... 1169

Castelnaudite, var. de Xénotime ... 1170

Castera Verduzan (Gers) – 3I – 2III – 3G ^{3} tourbe 5° 24° 1171

Castillite, sulfate de Cu, Zn, Pb, Fe, Ag ... 1172

Castor, var. cubique de Pétalite ... 1173

Castorite, v. castor ... 1174

Caswellite, esp. de Clintonite ... 1175

Catapléite, silicozirconate hydraté de Na, Ca, Fe. 1176

Catarchéen ... 1G ^{1} ... 1177

Cataspilite catapilste v. de Cordiérite ... 1178

Catkinite syn. de Saponite ... 1179

Catlinite var. d'Argile ... 1180

Catonnière (Loire) St Martin – 28.51 – 7 – 10 – 1809 – houille 1181

Cavolinite var. de Néphéline ... 1182

Cauchy-la-Tour (P.d.C.) 278H. 21 – 5 – 64 – houille ... 1183

Caune des Causses (Aude) – 570H. 25 – 11 – 43 – Fe ... 1184

Caunette (Aude) Lastours – 87.16 – 28 – 8 – 46 – Fe ... 1185

Caunette (Aude) Lastours – 87.15 – 10 – 2 – 79 – Pb. Ag. 1186

Caunette rive droite (hér.) 765H. 25 – 12 – 22 – Lignite ... 1187

Caunette rive gauche (herault) 3031H. 25 – 3 – 1807 – Lignite 1188

Cauterets (H.P.) – 17 I – 1G ^{3} et granite – 14° ... 1189

Cauvas (Gard) Servas – 358H. 17 – 2 – 44 – Bitume ... 1190

Cavaillac-Vigan (Gard) Molières – 3390H. 14 – 1 – 30 – Fe 1191

Cavalerie (Aveyron) 982H. 23 – 1 – 7835 Lignite ... 1192

Cavallac (Gard) Molières – 3390H. 14 – 1 – 30 – houille ... 1193

Cavallo (Constantine) Talabort – 1693.58 – 23 – 7 – 75 – Pb. Cu 1194

Cavillargues (Gard) – 365H. 12 – 2 – 32 – Lignite ... 1195

Cazalas (Ariège) Rimont – 236H. 17 – 2 – 1895 – Mn ... 1196

Cazaubon (Gers) – 3 I – III – 3G $\frac{3}{1}$ – 21° – 37° ... 1197

Cazaux (H.P.) – I – 1G granite – 9°5 ... 1198

Cazelles (hér.) Aigues Vives – 426H. 28 – 1 – 29 – Lignite 1199

Cazouls lès Béziers (hér.) – IV – 2G $\frac{2}{4}$ – 5 – 17° – 18° ... 1200

Cécile d'Andorge Ste (Gard) – 3573.06 – 27 – 11 – 61 – Pb. Ag 1201

Céganite, syn. d'Hydrozincite ... 1202

Céladonite, v. Terre verte ... 1203

Célas (Gard) Mons – 326H. 28 – 6 – 54 – Lignite ... 1204

Célestialite, sulfo-hydrocarbure météorique ... 1205

Célestine, $SrSO^4$ – PS $^{3,92}_{3,97}$ – d $\frac{3}{3}$,5 Σ^3 – A $\frac{42}{45}$ – C $\frac{2}{19}$ – A $\frac{9}{10}$. 1206

Célestobaryte, barytine avec Célestine ... 1207

Celle-Combelle (P.d.D.) Auzat – 1350H. 24 – 7 – 1781 – houille 1208

Celsiane, anorthite barytique ... 1209

Cendre feldspathique, tuf felsitique ... 1210

Cendre permienne – dolomie meuble gen. bitumineuse 1211

Cendre pyriteuse – Argile schiste pyriteuse ... 1212

Cendres volcaniques – laves pulvérulentes ... 1213

Cénomanien ... 2G $\frac{6}{1}$ ... 1214

Cénosite, v. Kaïnosite ... 1215

Centre (B.P.) Briscous – 6.00 – 9 – 11 – 1844 – Sel ... 1216

Centrallassite, var. d'Okénite ... 1217

Centrolite, silic. de Pb et Mn ... 1218

Cérargyre, $AgCl$ – PS5,6 – d $1,5$ – Σ^1 – A ^{41} C $\frac{16}{22}$ ... 1219

Cérargyrite v. Cérargyre ... 1220

Cérasine, syn. de Phosgénite ... 1221

Cérasite, Cordiérite avec inclusions charbonneuses ... 1222

Cératophyre – R. pétrosiliceuse ... 1223

Cératopyge (Calcaire) – base de l'Ordovicien ... 1224

Cerbolite, syn. de Boussingaultite ... 1225

Céréolite. v. Cérolite ... 1226

Cérérite, $H^6(CaFe)^2Ce^6Si^6O^{26}$ – PS $^5_{4,9}$ – d5,5 – Σ^3 ... 1227

Cerhomilite, esp. d'homilite riche en Ce ... 1228

Cérine, orthite rouge 1229
Cérinite, var. d'Heulandite 1230
Cérisier (A.M.) Croix_1530 m 6_6_1860_Cu 1231
Cérite, v. Cérérite 1232
Cérithes (Calc. à) . . . . 3 G $\frac{1}{4}$ 1233
Cérium oxydé siliceux, syn. de Cérérite 1234
Cernay (Conglomérat de) . . . 3 G 7 1235
Cérolite, var. de Serpentine 1236
Céruse, v. Cérusite 1237
Cérusite, $PbCO^3$_P.S 6.5_d 3.5_Σ^3_$A^{53,41}_{47,43}$_$C^{1,2}_{15,19}$ . . . 1238
Cervantite, Sb^4O^8 P.S. 4.08_$d\frac{4}{5}$_Σ^3_A ? 1239
Cerveau (S et L) Curgy_327 m 1_8_64_Sch. bit. 1240
Cesseras (hér.) Cesseras_652 m 11_1_1826_Lignite . . 1241
Cessous-Trébiau (Gard) Portes_310 m 30_8_28_houille . 1242
Cestas (Gironde)_III_sable des Landes_11° 1243
Cette (hérault)_IV_2 G $\frac{2}{4}$-5_16° 1244
Ceylanite, syn. de Zircon 1245
Ceylonite, spinelle, vert, bleu, brun 1246
Ceyssatite, var. de Randanite 1247
Cézais (Vendée) St Maurice_436 m 29_3_47_houille . 1248
Chabacite, v. Chabasie 1249
Chabasie, $H^2(Ca,Na^2,K^2)Al^2Si^4O^8$_P.S $^{2.08}_{2.11}$_$d^{4.5}_{4}$_Σ^4_A^{42}_{35}_$C^{1.2}_{5}$ . . 1250
Chalcanthite, v. Cyanose 1251
Chabanne (B.A.) Villemus_19_9_1859_bitume 1252
Chabannes (Dordogne) St Romain_345 m 20_7_86_Py. Fe . . . 1253
Chabas (h. Alp.) Briançon_4050_13_11_39_anthracite 1254
Chabrignac (Corrèze)_762 m 22_11_1869_Pb, Ag 1255
Chadernac (H.L.)_480 m 16_11_1849_houille 1256
Chaillac (Indre)_1403 m 11_8_83_Mn 1257
Chalanches (Isère) Allemont_771 m 16_9_1808, Ag, Co, Ni 1258
Chalchuite, Turquoise verte 1259
Chalcochlore, Limonite ou Gœthite cuprifère 1260
Chalcocite, syn. de Chalcosine 1261
Chalcodite, syn. de Stilpnomélane 1262
Chalcolite, v. Torbernite. $H^{16}CuU^4P^2O^{20}$ 1263
Chalcoménite, sélénite de Cu 1264
Chalcomiclite, syn. de bornite 1265
Chalcomorphite, silic. hydr. de Ca et Al 1266
Chalcophacite, syn. de Liroconite 1267
Chalcophanite, altération de Franklinite 1268
Chalcophyllite, var. d'Euchroïte Alumnifère 1269
Chalcopyrite, $Cu^2Fe^2S^4$_P.S. 4.1_d 3.5_Σ^2_C^{26} 1270
Chalcopyrrhotine, Pyrrhotine cuprifère 1271
Chalcosiderite, var. cuprifère de Dufrénite 1272
Chalcosine Cu^2S_P.S 5.5_d 2.5_Σ^3_A^{30} 1273
Chalcostaktique, syn. de Chrysocolle 1274
Chalcostibite, v. Wolfsbergite 1275
Chalcotrichite, v. de Cuprite rouge Σ^3 1276
Chalcolite ou Chalilite Thomsonite impure 1277
Chalencey (S. et L.) Couches_165 m 17_7_37_Fe 1278
Chalède (h. Loire) Langeac_534 m 16_11_49_houille . . . 1279
Chaliac (Ardèche) Flaviac_2510 m 18_8_90_Pb, An, Zn, Cu. 1280
Chalicolite, v. Chalcolite 1281
Chaligny (M. et M.)_206 m 2_9_74_Fe 1282
Challes les Eaux (Savoie)_I_2 G $\frac{4}{}$ 10°,5 1283
Chalybite, syn. de Sidérose 1284
Chalypite, carbure de Fe météorique 1285
Chamalières (P.d.D.)_7 II_3_4 G_13°_30° 1286
Chamandrin (h. Alp.) Briançon_74 m 14_6_37_Anthr. 1287
Chamasite, fer météor. nickelé 1288
Chambois (S. et L.) St Forgeot_1130 m 27_7_59_Sch. bitumin. 1289
Chambon (P.d.D.)_II_3 G^3 trachyte_11°,5 1290
Chaméant (h. Alp.) La Salle_133 m 1_8_64_Anthracite. 1291
Chambonnet-Vorsilhac (H.L.) 2729 m 21_8_27_Pb 1292
Chamois (Sables) . . . 3 G $\frac{1}{5}$ 1293
Chamoisite, Chamosite, Minerai de fer, gris verdâtre, magnétique. 1294
Chamont St (Loire) 3542 m 10_12_1774_houille 1295
Champ St (Ain)_72368_5_6_90_Sch. bitumin. . . . 1296
Champclauson (Gard) Grand Combe_540 m 29_11_15_houille Fe. 1297
Champdernier (Savoie) Sorrière_39856_15_1_52_Anthr. . 1298
Champigné (M. et L.) Châteauneuf_2318 m 12_3_75_Fe 1299
Champigneules (M. et M.)_427 m 3_8_48_Fe 1300
Champleix (Cantal) Bassignac_492 m 20_5_42 houille 1301
Chana (Loire) St Etienne, 797 m 17_11_24_houille . . . 1302
Chanac (Corrèze) Tulle_555.25_16_12_78_Antimoine . . . 1304
Chanaralite, syn. de Forbésite 1305
Chanarcillite, Arsénio-Antimoniure d'Argent 1306
Chanaz-Lucey (Savoie)_119 m 8_1_48_Fe 1307
Chaneac (Ardèche)_3 II_1 G^1_9°_11°,8 1308
Chaney (Loire) St Jean Bonnefonds_156 m 13_7_25_houille. 1309
Change (S. et L.) 1062.00_19_6_52_Fe 1310
Chanille (Isère) St Marcel_417 m 4_8_48_Fe 1311
Chanonat (P.d.D.)_II_1 G^1 13°,3 1312
Chanteloube (H.A.) St Crépin_142 m 19_67_ Anthr. . . 1313
Chantonnite, sort. de météorite 1314
Chanxhien . . . . . 1 G^5_7 1315
Chapdes (P.d.D.)_II_1 G^1 16° 1316
Chapeau (h.A.) Champoléon_599 m 16_1_48_Cu, Pb, Ag. 1317
Chapelle (Var) Collobrières_294 m 21_4_80_houille, fer. 1318
Chapelle-ss-Dun (S. et L.) 750 m 20_11_1809 houille . . . 1319
Chapelle St Mandé (Morbihan) Baud, 292 m 12_2_33_Pb, Ag 1320
Chapelle Péchaud (dordogne) Cladech. 844 m 23_2_67_Lignite . 1321

Charbonnet-Peaz (Savoie) Côte d'Aime 84^H 27-4-64 – Anthr. 1322
Charbonnier (P. d. D.) 210^H 22-1-23 – Anthr. 1323
Charbonnière (Savoie) St Martin 20^H 6-2-58 – Anthr. 1324
Charbonnière (Loire) St Symphorien 420^H 26-3-43 – Anth. 1325
Charbonnières (Rhône) III – 1 G 1/. 10°. 1326
Chardonnet (H. A.) Monétier 226^H 16-1-38 – Cu. Py. 1327
Chartieu (Loire) III – 4 G. 1328
Charmel (M. et M.) Einville 462^H 4-1-83 – Sel. 1329
Charmes-doyons (Ardèche) 950^H 28-4-55 – Py. Fe. 1330
Charmette (Isère) Mont-Sans 32^H 6-12-60 – Anthr. 1331
Charmouthien 2 G 2/4. 1332
Charontes (Alp. M.) Rimplas 220^H 26-9-58 – Cu. 1333
Charrier (Allier) La Prugne 703^H 3-6-72 – Cu. Pb. Ag. 1334
Chassagne (H. L.) St Just 335^H 8-2-1901 – Antimoine. 1335
Chassezac (Ardèche) Chines 7750^H 23-2-87 – Pb. Cu. Zn. 1336
Chastel (A. M.) St Martin 180^H 28-9-68 – Fe. 1337
Châtagoutaz (Isère) Clavans 238^H 26-10-67 – Anthr. 1338
Château l'Abbaye (Nord) 916^H 17-8-36 – houille. 1339
Château d'Annecy (H. Savoie) Annecy 45^H 20-5-60 – Fe. 1340
Château sur Cher (P. d. D.) 827^H 11-14-99 – houille. 1341
Château Gontier (Mayenne) III – 1 G 3/. 14°. 1342
Châteauneuf (P. d. D.) 23 II – 1 G 1/. 16° 37°. 1343
Châteauneuf (P. d. D.) 854^H 27-7-85 – Pb. Ag. 1344
Château Thierry (Aisne) III – 3 G 1/. 10°. 1345
Château Verdun (Ariège) 640^H 12-4-41 – Fe. 1346
Châtelard (Savoie) St Michel 211^H 4-9-56 – Anthr. 1347
Châtelard (Isère) Motte 109^H 18-11-34 – Anthr. 1348
Châteldon (P. d. D.) 6 IV – 1 G – 10° 13°6. 1349
Châtelet (M. et M.) Cosnes 5 81-9-11-44 – Fe. 1350
Châtelguyon (P. d. D.) 21 II – 1 G 1/ porphyre – 17° 35°. 1351
Châthamite var. de Cloanthite. 1352
Châtillon le Duc (Doubs) 557^H 24-7-75 – Sel. 1353
Chaudesaigues (Cantal) 8 II – 1 G 1/. 64° 82°. 1354
Chaudefonds (M. et L.) St Lambert 1043^H 23-11-35 – Anth. 1355
Chaunière-Bordeaux (Mayenne) Bazonnière 1567^H 5-6-46 – Anth. 1356
Chauvetane (H. A.) Guillaume 1582^H 29-12-24 – Pb. 1357
Chaux arséniatée, syn. de Pharmacolite. 1358
Chaux boratée, employé pour désigner imp. la Rhodizite 1359
Chaux boratée siliceuse, syn. de Datolyte. 1360
Chaux carbonatée spathique, syn. de Calcite 1361
Chaux fluatée, syn. de Fluorine. 1362
Chaux hydraulique, contenant au moins 10 % de Silice, alumine 1363
Chavaroche (H. Savoie) Chevenoz 34^H 4-6-38 – Asphalte 1364
Chavenois (M. et M.) Malzéville 450^H 19-4-23, Fe. 1365
Chavigny (M. et M.) 372^H 16-6-56 – Fe. 1366
Chazelles (H. L.) St Just 1088^H 22-6-39 Antimoine 1367

Chazellite, var. de Berthiérite. 1368
Chazotte (Loire) Sorbiers 606^H 19-7-25 – houille. 1369
Chéleutite, var. bismuthifère de Smaltine. 1370
Chélleen 4 G 1/. 1371
Chelmsfordite, var. de Wernérite. 1372
Chemawinite, esp. de résine. 1373
Chenaie (Savoie) Montagny 367^H 29-6-1901 – Anthr. 1374
Chénelette (Rhône) 295^H 28-8-22 – Pb. Ag. 1375
Chénevixite, phosphoarséniate hyd. de Fe. Cu. 1376
Chénocoprolite, syn. de Ganomatite. 1377
Chens (H. Savoie) 3 II – 3 G 1/. 10°. 1378
Cher (phosphates du) Nodules gris, noirs – 2 G 5/4 – 38 % – 2 G 4-6/. 1379
Chert, silex de la craie. 1380
Chessy (Rhône) 3557^H 14 Messidor VII – Py. Fe. 1381
Chessylite, v. Azurite. 1382
Chesterlite, var. de Microcline. 1383
Cheveux de Vénus, aiguilles ou filaments de rutile. 1384
Chevigny (S. et Loire) Dracy 304^H 25-7-64 – Sch. bit. 1385
Chevillon (M. et M.) Trieux 712^H 30-8-99 – Fe. 1386
Chézery (Ain) Forens 102^H 5-5-1866 – Calc. asph. et bit. 1387
Cheylat (H. L.) Blesle 1066^H 27-4-92 – Antimoine. 1388
Chiastolite (macle) var. d'Andalousite noirâtre. 1389
Childrénite, $H^8(FeMn)^3Al^2P^2O^{14}$ Σ^3 – P.S. 3,18/3,24 – d 4,5/. – A 5/. 1390
Chileite, vanadate de plomb cuprifère du Chili. 1391
Chiléite, s'emploie aussi comme syn. de Goethite. 1392
Chilénite, Argent bismutifère. 1393
Chiltonite, syn. de Prehnite. 1394
Chimborazite, syn. d'Aragonite. 1395
Chiolite, 10 Na Fl + 3 Al²Fl⁶ – P.S. 2,84/2,89 – d 4 – Σ^2 δ^2. 1396
Chirols (Ardèche) – II – 1 G 1/. 11°. 1397
Chiviatite, $(Pb,Cu)^2Bi^6S^{11}$ Σ^3. 1398
Chladnite, Enstatite météorique. 1399
Chizeuil (S. et L.) Chalmoux, 635^H 5-6-77 – Py. Fe. Cu. 1400
Cloanthite, NiAs – P.S. 6,4/6,9 – d 5,5 – Σ^1 – A 2/2. 1401
Chloraluminite, chlorure hyd. d'Al. 1402
Chlorapatite, Apatite à Cl. dominant. 1402
Chlorargyrite, syn. de Cérargyrite. 1403
Chlorarséniane, Arsen. anhydre de Mn. 1404
Chlorastrolite, var. de Thomsonite. 1405
Chlorite, terme génér. (1° Pennine – 2° Clinochlore 3° Ripidolite) 1406
Chlorite de Mauléon, var. de Clinochlore. 1407
Chlorite écailleuse, Ripidolite écailleuse. 1408
Chlorite hexagonale, syn. de Clinochlore. 1409
Chlorite talqueuse, var. de Clinochlore talqueux. 1410
Chloritée (Craie), v. Craie. 1411
Chlorites, silic. hydr. d'Al. Mg, Fe, en paillettes. 1412

Endellionite, syn. de Bournonite 2147

Endlichite, var. vanadifère de Mimetèse 2148

Engelhardite, var. Octaédrique de Zircon 2149

Enghien (S. et O.) 14 I – 3–4 G^1 – 10° – 14° 2150

Enhydre, Calcédoine avec gouttes d'eau 2151

Enophite, var. de Chlorite 2152

Enstatite, $57SiO^2, 34MgO, 3FeO, 0{,}6Al^2O^3, HO$ – P.S. 3,10 – d 6 – C^{2}_{15} 2153

Entoolithe, oolithe caverneuse géodique 2154

Entremonts (P. d. D.) Brassac 228 ^{H} 8–4–91 – houille . 2155

Entrevernes N° 1 (H. Savoie) 400 ^{H} 21–9–1819 – Lignite 2156

Entrevernes N° 2 (H. Savoie) 400 ^{H} 17–7–21 – Lignite 2157

Entrevernes N° 3 (H. Savoie) 167 ^{H} 24–5–60 – Lignite 2158

Entroques (Calcaire à) – Calc. à Crinoïdes ou radioles 2159

Enval (P. d. D.) – IV – 1 G^1 – 16° 2160

Envers N. (Isère) Allevard 61 ^{H} 10–3–58 – Fe . . . 2161

Envers S. (Isère) Allevard 90 ^{H} 10–3–58 – Fe 2162

Enysite, sulfate hydr. complexe d'Al, Cu 2163

Eosite, vanado-molybdate de Pb 2164

Eosphorite, phosph. hyd. d'Al, Mn, Fe. Σ^3 2165

Epagne (Vendée) St Maurice 436 ^{H} 29–3–47 – houille 2166

Eparchéen . . . . 1 G^2 2167

Ephésite, var. de Margarite 2168

Epiboulangérite, porphyrite verte ouralitique . . . 2169

Epichlorite, var. de Tépidolite 2170

Epididymite, Eudidymite rhombique 2171

Epidioritique, porphyrite verte ouralitique 2172

Epidote, $H^2Ca^4(Al^2, Fe^2)^3Si^6O^{26}$ – P.S. $^{3,32}_{3,5}$ – d 7 – Σ^5 – A^8 – $C^{16,23}_{15,24}$ 2173

Epigénite, sulfoarséniure de Fe, Cu 2174

Epiglaubite, var. de Brushite 2175

Epimillerite, syn. de Morenosite 2176

Epinac (S. et L.) 3435 ^{H} 13–8–1805 – houille 2177

Epine (H. Savoie) Araches – 400 ^{H} 11–6–55 – Lignite 2178

Epineux le Séguin (May.) 1620 ^{H} 20–12–35 – Anthr. 2179

Epiphosphorite, var. d'Apatite 2180

Episphærite, zéolite indéterminée 2181

Epistilbite, vois. de la Heulandite avec Σ^3 apparent . 2182

Epoisses (H. Saône) Gouhenans – 290 ^{H} 3–8–46 – Sel . . 2183

Epsomite, $H^{14}MgSO^{11}$ P.S 1,75 – d 2,25 – Σ^3 – A^{42} – $C^{1,2}_{5}$. 2185

Equidien . . . . . . 4 G^7 2186

Ercinite, syn. d'Harmotome barytique 2187

Erdkohle, lignite compacte 2188

Erdmannite, var. ferreuse de Zircon 2189

Erémite, syn. de Monazite 2190

Ergeron, syn. de loess 2191

Erien . . . . 1 G^4 2192

Erinite, $H^4Cu^5As^2O^{12}$ – P.S. $^{4,1}_{4}$ – d 5 – A^{16} C^{17} 2193

Eriochalcite, var. d'Atacamite 2194

Erionite, zéolite à K, Na, Ca 2195

Erlane, var. compacte de Grossulaire 2196

Erpie (Isère) Huez – 156 ^{H} 11–11–27 – Anthr. . . 2197

Ersbyite, var. de Microcline 2198

Erubescite, $Cu^6Fe^2S^6$ – P.S. $^{4,9}_{5,4}$ – d 3 – Σ^1 – $A^{22,25}_{24}$ – C^{26}_{27} . . 2199

Erusibite, var. de sulfate ferrique 2200

Erythrine, $H^{16}Co^3As^2O^{16}$ – P.S 2,95 – d $^{1,5}_{2,5}$ – Σ^6 C^5_6 . . 2201

Erythrite, var. magnésienne d'Orthose 2202

Erythrocalcite, chlorure cuivreux 2203

Erythroconite, syn. de Tennantite 2204

Erythrosiderite, chlorure de Fe. K. 2205

Erythrozincite, sulfure de Zn. Mn. 2206

Erratique, (terrain) . . . 4 G^1 2207

Errouville (M. et M.) – 948 ^{H} 8–11–95 – Fe 2208

Ersa (Corse) – 222 ^{H} 9–8–1851 – antimoine 2209

Escarboucle, v. Almandine 2210

Escarro N. (P.O.) – 175.44 – 8–7–13 – Fe 2211

Escarro S. (P.O.) – 102 – 9–4–74 – Fe 2212

Escarpelle (Nord) Flers – 1472 ^{H} 27–11–50 houille . . 2213

Escaupont (Nord) Fresnes – 110 ^{H} 10–9–41 – Anthr. . 2214

Eschérite, syn. d'Epidote 2215

Eschwégite, syn. d'Actinote 2216

Esmarkite, syn. de Datolite 2217

Esmarkite d'Edmann, var. de Cordiérite altérée . . . 2218

Escouloubre (Aude) – 4 I – 1 G^1 – 38° – 49° 2219

Escounyus (P.O.) Py ers – 175 ^{H} 18–2–52 – Fe 2220

Escourchade (P. d. D.) 1436 ^{H} 4–3–29 – bitume – asph. 2221

Eskers, traînée de cailloux roulés 2222

Esmarkite de Dufrénoy, var. de Pyrosmaline . . . 2223

Esmoulières (H. Saône) Faucogney 308 – 20–6–68 – Mn . . 2224

Espagnes (Rhône) St Julien – 440 – 8–6–34 – Mn . . 2225

Esparon (Gard) 163.36 – 4–10–98 – Zn. Pb . . . 2226

Espeluches (H.L.) St Hilaire – 499 ^{H} 4–11–43 – Mispick. 2227

Espezolles (Cantal) St Mary – 181 ^{H} 4–1–95 – antimoine . 2228

Essexite, syénite néphélinique 2229

Esserts (H. Savoie) Cusy – 42 ^{H} 18–7–45 – Asph. . . 2230

Essey-les-Eaux (H.M.) – III – 2 G^2 – 11° 2231

Essonite, grossulaire jaune orangé 2232

Estavar (P.O.) 31.50 – 5–9–1806 – Lignite 2233

Etain, Σ^2 et Σ^3 – P.S 7,17 – A^{15} – C^{25} 2234

Etain (granite à), granite à 2 micas 2235

Etain de bois, Cassitérite fibreuse 2236

Etain oxydé, v. Cassitérite 2237

Etain sulfuré, syn. de Stannine 2238

Etarpey (Savoie) Valloires – 200 – 9–1–67 – Anthr. . . 2239

Etchebar (B.P.) 39^{H} 7-3-60 – Fe 2240
Etillez (Isère) Pinsot – 59^{H} 15-1-17 – Fe 2241
Étivallière (Loire) Talandière – 513^{H} 28-2-31 – Fe. 2242
Ettringite, sulf. hydr. d'Ca. AL 2243
Étuz (H. Saône) – III – 2 G^{4} – 10° – 12° 2244
Eucaïrite, Ag Cu Se 2245
Eucamptite, var de biotite 2246
Euchlorine, mel. alc. de sulf. et chl. de Cu 2247
Euchlorite, var. de Biotite 2248
Euchroïte $H^{14}Cu^{4}As^{2}O^{16}$ – $PS^{3,3}_{3,4}$ – $d^{3,5}_{3}$ Σ^{5} – C^{17} 2249
Euchysidérite, var. d'Hedenbergite 2250
Euck-el-boz (Const.) Attia – 1512^{H} 7-2-79 – Fe, Chrome. 2251
Euclase $H^{2}Gl^{2}Al^{2}Si^{2}O^{10}$ – $PS^{3,09}_{3,1}$ – $d_{7,5}$ – Σ^{5} A^{42}_{53} – C^{16}_{19} 2252
Eucolite, Syénite éléolique P.S 2.84 2253
Eucrasite, var. de Thorite 2254
Eucrite, gabbro à olivine et anorthite 2255
Eucryptite, silic. hex. d'Al Li 2256
Eudialyte $Na^{2}(Ca\,Fe)^{2}(Si\,Zr)^{6}O^{15}$ – Σ^{4} – v. Eudialite, Eucolite 2257
Eudidymite, silic. hydr. de Gl 2258
Eudnophite, zéolite voisine de l'analcime Σ^{3} 2259
Eugénie (Landes) – 5 I – 3 G^{3} – 17° – 26°5 2260
Eugénésite, syn. d'Allopalladium 2261
Eukrasite, v. Eucrasite 2262
Eulmont (M. et M.) 236^{H} 29-3-74 – Fe 2263
Eulysite, R. de grenat, augite, fayalite 2264
Eulyzite, olivine ferrifère 2265
Eulytine $Bi^{4}Si^{3}O^{12}$ – P.S 6.1 – $d^{4,5}_{5}$ – Σ^{1} – C^{8}_{12} 2266
Eumanite, var. de Brookite 2267
Euosmite, résine fossile – $P.S^{1,2}_{1,3}$ – d 1.5 2268
Euphotide, gabbro à saussurite et smaragdite 2269
Euphyllite, var. de Muscovite 2270
Eupyrchroïte, var. fibreuse de phosphorite 2271
Euralite, var. de Delessite 2272
Eurite, porphyre à pâte fluidale très fine 2273
Eusynchite $(Pb\,Zn)^{3}V^{2}O^{8}$, voir Dechenite 2274
Eutalite, var. d'Analcime 2275
Eutaxite, liparite sphérolithique 2276
Euxénite, var. de Polycrase 2277
Euzéolite, syn. de Heulandite 2278
Euzet (Gard) – III – 3 I – 3 G^{1} – asphalte – 13° 2279
Evanzite, phosph. hydr. d'AL 2280
Évaux (Creuse) – 20 IV – 1 G^{1} – 37° – 53° 2281
Évian (H. Savoie) – 15 II – 3 G^{4} – 6° – 12° 2282
Evigtokite, syn. de Gearksutite 2283
Exanthalose, var. de Mirabilite 2284
Exincourt (Doubs) Audincourt – 285^{H} 2-7-64 Fe 2285

Exitèle $Sb^{2}O^{3}$ – Σ^{3} – $A^{50,10}_{41}$ – C^{11}_{2} – P.S 5,6 – $d^{3}_{2,5}$ 2286
Extoolithe, oolithe à noyau écailleux 2287
Eygoutier (Var) Toulon 259^{H} 25-9-48 – houille 2288
Eyhartzia (B.P.) Briscous – 230^{H} 29-6-83 – sel 2289

F

Fabreguettes (Aveyron) Recoules – 172^{H} 23-7-59 – houil. 2290
Facellite, v. Phacellite 2291
Fage (la) (H. L.) Lubilhac – 300^{H} 5-8-61 – Antim. 2292
Fahlerz, v. Cuivre gris 2293
Fahlunite, v. de Cordiérite noir verdâtre 2294
Fahlunite dure, v. brune de Cordiérite 2295
Faillera (Aude) Villerouge – 71^{H} 21-8-48 – Fe 2296
Fairfieldite, ph. hydr. de Mn, Ca, Fe 2297
Falkenhaynite, var. de Panabase 2298
Falunien .... 3 G^{3}_{2} 2299
Faluns, sable calcaire, marneux, fossilier 2300
Famatinite $Cu^{3}SbS^{4}$ – P.S 4,57 – d 3,5 2301
Faménien .... 1 G^{4}_{6} 2302
Fangy (Jura) Sellières 226^{H} 19-4-44 – Fe 2303
Fare (Isère) Oz – 563^{H} 8-2-98 – Cu etc. 2304
Fare (B. d. R.) 2154^{H} 22-9-31 – Lignite 2305
Farine fossile, terre d'infusoires 2306
Farine fossile des Chinois, var. de Smectique organique 2307
Farinite, var. de Bol 2308
Farinole-Olmeta (Corse) 1075^{H} 27-6-49 – Fe 2309
Faröolite, v. Foröolite 2310
Fasciculite, var. de Hornblende 2311
Fassaïte, augite en cristaux verts opaques 2312
Fassanien .... 2 G^{1}_{3} 2313
Fau (Cantal) – II – III – Volcanique. 8° – 10° 2314
Fauches (S. et Loire) Breuil – 575^{H} 6-10-32 – houil. 2315
Faucogney (H. Saône) 532^{H} 20-6-68 – Mn 2316
Faujasite zéolite v. Gmélinite Σ^{1} P.S 1,92 – d^{5}_{6} 2317
Faulcon-l'Argentière (Var) Pégotin 2175^{H} 15-12-62 – Zn, Pb 2318
Faulx (M. et M.) 634^{H} 19-4-83 – Fe 2319
Fausérite $H^{30}MgMn^{2}S^{3}O^{27}$ – Σ^{3} – P.S 1,89 – $d^{2,5}_{2}$ – C^{2}_{15} 2320
Faverge (Loire) Grand Croix – 55^{H} 25-2-51 – houill. 2321
Faverges, V. Annecy 2322
Faverolles (Cantal) – II – 1 G^{1} – 12° 2323
Faveyrolles (Aveyron) St Izaire 1846^{H} 3-5-54 – Cu 2324
Fayalite, péridot ferreux, $PS^{4,1}_{4}$ – d 6,5 – C^{30}_{31} 2325
Fayard (Isère) Pinsot 2150 – 15-1-77 – Fe 2326
Faymoreau (Vendée) 462^{H} 1-2-31 – houille 2327

Fedj-el-Adoum (Tunis). 8-5-94-Zn, Pb ... 2328
Feijao, var. de Tourmaline ... 2329
Fedorovz, v. plumozite ... 2330
Feldspaths (Orthose, Microcline, Albite, Oligoclase, Labrador, Andésine, Anorthite) 2331
Félix St (Gard) St Martin. 350^{H} 19-8-56- Py, Fe ... 2332
Félix (St) de Pallières (Gard) III-2 G^{1}- 12° ... 2333
Fellenbergite, sulfate de Sr ... 2334
Felsenkalk, Jurassique supérieur de Silésie ... 2335
Felsite, syn. de Pétrosilex ... 2336
Felsodacite, dacite phosphorique quartzifère ... 2337
Felsoliparite. Rhyolite pétrosiliceuse ... 2338
Felsonévadite, var. de granophyre pétrosil. ... 2339
Felsophyre, var. de R. porphyr- pétrosilex ... 2340
Fenadou (Gard) Grand Combe 415^{H} 15-12-36-Fe, houil. 2341
Fendeck (Constantine) Philippeville 779^{H} 11-7-85- Fe ... 2342
Feneyrols (T. et G.) - 4 IV-2 G^{2}- 16°8 ... 2343
Fer, Fe, $PS^{7,3}_{7,8}$ - d. 4.5 - Σ^{1} - C^{29} ... 2344
Fer arsenical, v. Mispickel ... 2345
Fer calcaréo-siliceux, syn. d'Ilvaïte ... 2346
Fer carbonaté, v. Sidérose, var. argileuse ... 2347
Fer chromé, v. Chromite ... 2348
Fercé, v. Sablé Sarthe ... 2349
Fer géodique, grès ferrugineux caverneux ... 2350
Ferfay (P. d. C.) Auchel. 1700^{H} 29-12-55- houille ... 2351
Fer limoneux, syn. de Limonite ... 2352
Fer météorique, fer natif nickelifère ... 2353
Fer natif, v. Fer ... 2354
Fer oligiste, v. Oligiste ... 2355
Feron (Nord) 250^{H} 7-12-25- Fe ... 2356
Fer oolithique, minerai de fer du Barrémien ... 2357
Fer oxydé hydraté, v. Limonite ... 2358
Fer oxydé rouge, syn. d'Oligiste ... 2359
Fer oxydulé, v. Magnétite ... 2360
Fer phosphaté, syn. de Vivianite ... 2361
Ferques (P. d. C.) Marquise 1795^{H} 27-1-37- houille ... 2362
Ferrarel (Isère) Venosc - 40^{H} 10-4-67- Anthr. ... 2363
Ferrère (H. P.) - I-2 G^{3-4} 21° ... 2364
Ferrière (M. et L.) Segré 989^{H} 27-3-75- Fe ... 2365
Ferrière (Aude) Montjoie 119^{H} 25-9-48- Fe ... 2366
Ferrière aux Étangs (Orne) 1605^{H} 21-2-1901- Fe ... 2367
Ferrières (Allier) Néris 659^{H} 11-3-42- houille ... 2368
Ferronière (Aude) Palmigère 495^{H} 16-7-35- Mn ... 2369
Fer spathique, v. Sidérose en masses. C^{a} ... 2370
Fer spéculaire, Oligiste en lames très minces ... 2371
Fer sulfaté rouge, v. Botryogène ... 2372
Fer sulfuré, syn. de Pyrite ... 2373
Fer titané, v. Ilménite $(TiFe)^{2}O^{3}$ ... 2374
Ferberite, var. ferreuse de Wolfram ... 2375
Fergusonite $(Y, Ce, U, Fe, Ca)^{3} Nb^{2}O^{8}$ Σ^{2}- PS 5,8- C^{30} ... 2376
Feroélite, v. Mésole ... 2377
Ferricalcite, syn. de Cerite ... 2378
Ferrite, hydroxyde de Fe amorphe ... 2379
Ferrocalcite, calcite ferrifère ... 2380
Ferrocobaltite, var. ferrifère de Cobaltine ... 2381
Ferrocolumbite, syn. de Tantalite ... 2382
Ferroferrite, syn. de Magnétite ... 2383
Ferrogoslarite, var. de goslarite ... 2384
Ferroilménite, var. de Columbite ... 2385
Ferronatrite, sulf. hydr. de Fe. Na ... 2386
Ferroplumbite, oxyde de Fe, Pb, Mn ... 2387
Ferrosilicite, silicate de Fe des météorites ... 2388
Ferrostibianc, antimoniate hyd. de Mn Fe Mg Ca ... 2389
Ferrotantalite, syn. de Tantalite ... 2390
Ferrotellurite, tellurate de Fe ... 2391
Ferrotitanite, syn. de Schorlomite ... 2392
Ferrotungstène, syn. de Tammite ... 2393
Ferrowolframite, syn. de Ferbérite ... 2394
Ferrozincite, oxyde hydr. de Fe, Zn ... 2395
Ferry Lacombe, V. Grande Concession ... 2396
Fettbol, syn. de Chloropale ... 2397
Feuillette (Isère) St Pierre 7312-11-5-33- Fe ... 2398
Fibroferrite $H^{53}Fe^{6}S^{8}O^{61}$ ou fibres déliées jaunes ... 2399
Fibrolite, sillimanite très compacte et dure ... 2400
Fichtélite, v. Hartite ... 2401
Ficinite, var. de Triplite ... 2402
Fiedlerite, oxychl. hydr. de Pb ... 2403
Fieldite, var. de Panabase ... 2404
Fillowite, phosph. hyd. de Mn, Fe, Ca, Na ... 2405
Fiennes (P. d. C.) 431^{H} 29-12-40- houille ... 2406
Figeac (Lot) 582^{H} 27-2-86- Zn, Pb ... 2407
Figon (Gard) 6379-15-2-35- Lignite ... 2408
Filfila (Const.) Philippeville 1676^{H} 27-2-58. Fe ... 2409
Fillaoucen (Oran) Némours-231^{H} 23-8-77- Zn, Pb ... 2410
Fillières (M. et M.) Crusnes-805^{H} 23-8-96- Fe ... 2411
Fillols (P. O.) 3382^{H} 2 germinal XIII- Fe ... 2412
Filon Neuf (Savoie) Orelle-400^{H} 3-5-60- Fe ... 2413
Fins (Allier) Châtillon-800-4-3-1770 ... 2414
Fiorite, var. d'Opale ... 2415
Firminy, v. Roche la Molière ... 2416
Firmy (Aveyron) 262-34-14-12-63- houille ... 2417
Fischérite, var. de Wavellite ... 2418
Flaveite, var. de Copiapite ... 2419

Flainval (M. et M.) 799 - 5-7-79 - Sel 2420

Flandrien .... 4 G 1 2421

Flaviac (Ardèche) - 427ᴴ 29-8-37 - Py. Fe 2422

Flèches d'Amour, quartz pénétré d'aiguilles de rutile. 2423

Fléchinelle (P. d. C.) Enquin - 532ᴴ 31-8-98 2424

Fleur de Zinc, syn. de Zinconise 2425

Fleurey-Faverney (H. Saône) 137.88. 16-5-27. Fe. 2426

Fleury (M. et M.) Jouaville 808ᴴ 18-6-86 - Fe ... 2427

Flines les Raches (Nord) 2850ᴴ 9-8-92 - houille .. 2428

Florens St (Gard) - 509ᴴ 31-12-59 - Fe 2429

Florent St (Gard) - 395ᴴ 31-7-65 - Py. Fe 2430

Flint, silex pyromaque 2431

Floret St (P. d. D.) - II - 1 G 1 .. 14° 2432

Floridien .... 3 G 4 2433

Floridite, phosphate de floride 2434

Flos-ferri, aragonite coralliniforme 2435

Flucérine, syn. de fluocérine 2436

Fluellite, $Al^2 Fl^6 H^4 O^2$ - Σ^3 octaèdres aigus tronqués 2437

Fluobaryte, var. de Barytine 2438

Fluocérine, fluocérite, $Ce^4 Fl^3$ Σ^4 - $C^{5,10}_{6}$ (brique.) 2439

Fluochlore, var. de Pyrochlore 2440

Fluolite, var. de Pétrosilex 2441

Fluozapatite, Apatite fluorifère 2442

Fluorine, fluorite, $CaFl^2$ - P.S 3.18 - d. 4. Σ^1 - $C^{1,2,11,19}_{15,16}$ - 2443

Fluodisérite, minéral indét. associé à la Nocérine 2444

Flussyttrocalcite, syn. d'Yttrocérite 2445

Flutherite, syn. d'Uranothallite 2446

Fogière, v. Bonnevaux 2447

Foie de Veau (Calcaire marneux jaunâtre 2 G. $\frac{2}{2}$ 2448

Foix (Ariège) - 3 III - 2 G 2-5 ... 15° 2449

Folgérite, syn. de Pentlandite 2450

Folidolite, v. Pholidolite 2451

Fondary (H. L.) Ste Florine 118 - 13-6-27 - houille .. 2452

Font de Montvaux (M. et M.) Maron. 286ᴴ 10-2-69 - Fe .. 2453

Fontaine (Oise) - 3 III - 2 - G 6 ... 9° 2454

Fontaine des Roches (M. et M.) Chavigny. 186ᴴ 9-8-70 - Fe. 2455

Fontaine des Brins (Yonne) Dixmont. 206ᴴ 30-3-78 - Lign. 2456

Fontaine Lombarde (H. A.) Névache 84ᴴ 31-7-65 - Anthr. 2457

Fontastier (H. A.) St Chaffrey. 59ᴴ 30-8-78 - Anthr. 2458

Fontaynes (Aveyron) Décazeville 31.20 - 8-5-36 - Alun 2459

Fontienne (B. A.) 18ᴴ - 27 - 2 - 44 - Lignite ... 2460

Fontpédrouse (P. O.) - I - 1 G 1 gneiss 2461

Footeite, oxychl. hydr. de Cu. var. de Callingite. 2462

Forbésite, arséniate hydr. de Co et Ni 2463

Forchérite, var. d'Opale 2464

Forchlammerite, silic. hydr. de Fe 2465

Forens Sud (Ain) 225ᴴ 12-8-44 - Asphalte .. 2466

Forésite, zéolite voisine de Stilbite 2467

Foret d'Abilon, v. grand Combe 2468

Forestière-fontanas (Rhône) Chassagny 298ᴴ 10-12-55 - houille. 2469

Forest bed, couche forestière pliocène 2470

Forest marble .... 2 G $\frac{5}{7}$ 2471

Forestien, pliocène interglaciaire supérieur - 2472

Forstérite, isomorphe de l'Olivine P.S 3.19 - d. 7 - 2473

Forgeot St (S. et L.) Bracy - 364ᴴ 8-2-85 - Sch. bitum. 2474

Forges (S. et L.) Marcilly 942ᴴ 25-8-61 - houille. 2475

Forges (S. et O.) .... 3 IV - 4 G - 13° 2476

Forges les Eaux (S. Inf.) 3 III - 3 G $\frac{1}{2}$ sable fer 6° 7° 2477

Fortunat St (Ardèche) II 14° - IV - 25° - 1 - G 1 ... 2478

Fosse St Martin (P. O.) 359ᴴ 23-5-41 - Fe - Cu .. 2479

Fosses (Savoie) St Georges 688ᴴ 11-11-75 - Fe, Cu, Pb. Ag etc. 2480

Fouquéite, zoïsite monoclinique 2481

Fourchambault (Nièvre) - 5 IV - 2 G 3-4 12° 14° 2 2482

Fourgs (Doubs) 13.29 - 9-9-42 - Fe 2483

Fourmies (Nord) 275ᴴ 25-7-27 - Fe 2484

Fourneaux (Savoie) 271ᴴ 3-6-60 - Fe 2485

Fournel (H. A.) Argentière 52ᴴ 28-2-63 - Anthr. .. 2486

Fournetite, var. de Panabase 2487

Fourniques (B. A.) 24ᴴ 18-9-31 - Lignite ... 2488

Fourques (Aude) Calairan 155ᴴ 6-10-32 - Fe ... 2489

Fowlérite, var. zincifère de Rhodonite 2490

Foyaïte, syénite oolitique à amphibole 2491

Foy l'Argentière Ste (Rhône) 1552ᴴ 16-12-70 - houille .. 2492

Fraidronite, var. de porphyre trappéen micacé. 2493

Fraissinet (Gard) Peyremale 160ᴴ 17-5-38 - Antim. 2494

Franckéite, sulfostannoantimoniure de Pb ... 2495

Francolite, var. de Dahllite 2496

Frangone (Corse) Olmeta 457ᴴ 13-7-78 - Cu ... 2497

Franklandite, var. d'Ulexite 2498

Franklinite (Zn, Fe, Mn) (Fe Mn)^2 O^4 - P.S $\frac{5.1}{5}$ - d $\frac{6.5}{6}$ - $C^{29,30}_{27}$ - Σ^{12} 2499

Frasnien .... 1 G $\frac{4}{5}$ 2500

Fraysse (Ardèche) St Priest 399ᴴ 16-8-59 - Fe .. 2501

Fredricite, var. de Tennantite 2502

Freibergite, panabase argentifère. P.S $\frac{4.85}{5}$ ... 2503

Freieslebenite, $Pb^5 Ag^4 Sb^4 S^{11}$ - P.S $\frac{6.4}{6}$ - d $\frac{2.5}{2}$ - Σ^5 - C^{29} A8. 2504

Freixialin .... 2 G $\frac{4}{3}$ - 4 2505

Fréjus (H. A.) Salle 134ᴴ 16-8-60 - plombagine 2506

Fréjus Nord (Var) Bagnols 1758ᴴ 30-4-23 - houill. 2507

Freney (Savoie) 359ᴴ 3-6-60 - Fe 2508

Freney (Isère) 120ᴴ 12-6-38 - Anthracite .. 2509

Frenzélite, séléniure de Bi 2510

Fresnes (Nord) 2072ᴴ 10-9-41 - Houille ... 2511

Fressinet. (H.A.) Monêtier 97^H 7-3-63 Anthr 2512

Freyalite, esp. voisine de Thorite 2513

Freycenet-Rodde (H.L.) Blassac 380^H 26-5-55-An. Pb. 2514

Friedelite, chloro silicate hydr. de Mn. A^{44}_{50} - C^{6}_{7} - Σ^4 2515

Frieseite $Ag^2 Fe^5 S^8$ - P.S.H. 22 - d 1.5 - Σ^3 C^{25}_{28} 2516

Frigerin (Loire) St Joseph 35^H 26-10-25 - houille 2517

Frigidite, var. de Panabase 2518

Frigiritte. (Savoie) Froney 219^H 20-5-72 - Lignite ... 2519

Fritzscheite, var. d'Uranite 2520

Fromenty (H.L.) Langeac 300^H 25-9-1842 - Antim. 2521

Frouard (M. et M.) 741^H 10-3-58. Fe. 2522

Frugardite, var. d'Idocrase à Mg 2523

Frugères (H.L. 71^H 16-8-1867 - houille 2524

Fuchsite, muscovite en paillettes vert foncé 2525

Fuggerite, var. de Gehlenite 2526

Fulgurite, vitrification produite par la foudre .. 2527

Fullonite, var. de Goethite 2528

Fuly (Isère) St Quentin 280^H 9-11-44 - Fe. 2529

Fumacien - 1 - G^{3}_{7} 2530

Fumades (Gard) Allègre 343^H 17-2-44 - bitume - 2531

Funkite, syn. de Coccolite 2532

Fuscite, syn. de Wernérite 2533

Fusulines (calc. à) .... 1 G^{5}_{4-5} 2534

Fuvélien .... 2 G^{6}_{4} 2535

G

Gabbro. R. granitoïde à pagiocl. et diallage 2536

Gabbro rosso, tuf boueux ophiolithique 2537

Gabbronite, var. de Wernerite ou d'Eléolite 2538

Gacherelle (B. d. R.) Martigues 294^H 1-2-31 - Lignite .. 2539

Gadjors (H.A.) Monêtier 134^H 14-12-39 - Anthr. ... 2540

Gages (Aveyron) Montrozier 140^H 20-12-20 - houille - 2541

Gaebhardite, syn. de Fuchsite 2542

Gadolinite, $FeGL^2Y^2Si^2O^{10}$ - $P.S^{4.2}_{4}$ - d 6.5 - Σ^5 - A^{42}_{53} - C^{16}_{18} .. 2543

Gagat, syn. de Jayet 2544

Gagnare (H.A.) Briançon 77^H 28-12-37 - Anthracite 2545

Gahnite $(Zn, Mg, Fe)(Al, Fe)^2O^4$ - $P.S.^{4.3}_{4.9}$ - $d^{7.5}_{8}$ - $C^{17.16}_{18.23}$ 2546

Gaillardons (B.A.) Sigonce 413^H 11-3-42 - Lignite .. 2547

Gaize, argile à silice gélatineuse 2548

Galactite, var. de Mésotype 2549

Galapectite, var. d'Halloysite 2550

Galène, PbS - $P.S^{7.4}_{7.6}$ - $d^{9.5}_{9.75}$ - Σ^1 - C^{25}_{28} - P^{11} 2551

Galénobismuthite, sulfure de Bi et Pb. 2552

Galénocératite, syn. de Phosgénite 2553

Galestri, schistes argileux versicolores 2554

Galets, coloriés, dépôts pleistocènes 2555

Galitzinite, syn. de Goslarite 2556

Galmei, syn. de Calamine 2557

Galmier St (Loire) - 16 II - 1 G^1 - 12° 17° ... 2558

Gamsigradite, Hornblende manganésifère .. 2559

Gamarde, (Landes) 2 I - 2 $G^{5.6}$ 2560

Gan (B.P.) - III - 3 G! - 14° 2561

Ganara. v. Tabarka 2562

Gandarien .... 2 G! 2563

Ganges (Hérault) 416^H 25-7-82 - Pb, Zn, Cu, Ag. 2564

Gangétien ..... 2 G! 2565

Ganoïdes restes de poissons de l'Ordovicien 2566

Ganomalite, silicate de Pb, Mn, Ca 2567

Ganomatite, var. de Sidérétine 2568

Ganophyllite, silic. hydr. de Mn, Al. 2569

Ganties-Couret (H.G.) - IV - 2 G^5 20 2570

Gapite, syn. de Morénosite 2571

Garbyite, syn. d'Enargite 2572

Garnierite. v. Nouméite 2573

Gard (phosphates du) R. N. F. brun jaune 2 G^5, 25 % 2574

Gardanne (B. d. R.) 2952^H 17-9-17 - Lignite. 2575

Garde Bois (H. Savoie) Lovagny - 113^H 30-1-69 - Asph. 2576

Gardéolles (H.A.) St Chaffrey 80^H 1-9-56 - Anthr. .. 2577

Gardes (Gard) Rovens 699^H 20-7-59 - Lignite ... 2578

Gardette (Isère) Villard 48^H 15-2-31 - Or 2579

Gardiole, (Hér.) Frontignan 735^H 20-7-67 - Fe ... 2580

Gardonien, ... 2 G^{6}_{1} 2581

Gargasien .... 2 G^{5}_{3} 2582

Garlaban (B. d. R.) Aubagne. 112 - 22-9-24 - Lignite. 2583

Gar-Rouban (Oran) Marnia. 3380^H 16-6-56 - Pb. 2584

Garumnien .... 2 G^{6}_{5} 2585

Gastaldite var. de glaucophane 2586

Gaude (B.A.) Manosque 146^H 18-9-31 - Lignite ... 2587

Gaudissard (H.A.) Salle 177^H 21-8-77 - Anthr. ... 2588

Gaujac (Gard) 123.00 - 11-12-31 - Lignite ... 2589

Gault .... 2 G^{5}_{4} 2590

Gausseraing (Ariège) 544^H 27-2-77. Sel ... 2591

Gauthite. var. d'Orthite 2592

Gavino St (Corse) - III - 1 G^{3-4} 16° 2593

Gay-Lussite $H^{10}Na^2CaC^2O^{11}$ $P.S^{1.93}_{1.95}$ - d 2.5 - Σ^5 - C^1. 2594

Gazost (H.P.) - I. IV - 1 G^3 12° - 13° 2595

Géarksutite, fluor. hydr. d'Al, Na, Ca 2596

Gédanite, résine fossile 2597

Gédinien ... 1 G^{4}_{1} 2598

Gédrite, isomorphe de l'Anthophyllite avec Mg, Fe, SiO^3 C^{24} A? 2599.

Gehlenite $Ca^3(Al.Fe)^2Si^2O^{10}$ P.S $^{2.95}_{3}$ — d $^{5.5}_{6}$ — Σ^2 2600
Géiérite, v. Geyerite 2601
Géikielite, titanate de Mg 2602
Géla (la) (H.P.) Aragnouet 817.35 - 8 - 4 - 65 - Pb, Ag, Cu, Zn. 2603
Gélon (Savoie) Pontet 380^H 2 - 8 - 83 - Cu, Pb 2604
Gély du Fresq St (Her.) 918^H 17 - 3 - 36 - Lignite 2605
Géménos (B.d.R.) 160^H 9 - 1 - 56 - Lignite 2606
Génaville (M. et M.) 948^H - 8 - 3 - 94 - Fe 2607
Genest (Mayenne) 714^H 10 - 12 - 41 - Anthr. 2608
Genestelle (Ardèche) - II - 1 G^1 - 9°8 - 13°2 2609
Geneviève Ste (M. et M.) Dommartemont 195^H 14 - 3 - 68 - Fe 2610
Génevrey (H. Saône) - IV - 2 G^1 - 15° 2611
Geniés Varensal (Her.) Rosis 1318 - 6 - 8 - 36 Ant. 2612
Genies (Aveyron) St - II - 1 G - 9° 2613
Genies de Dromont St (B.A.) 413^H 11 - 11 - 21 - Pb 2614
Geniés d'Olt St (Aveyron) 1185^H 15 - 4 - 95 Pb, Zn, Cu, Py 2615
Genis St (Rhône) - IV - 1 G ! 2616
Genivelle (Isère) Theys - 76^H 69 - 15 - 1 - 17 - Fe 2617
Genolhac (Gard) 3573^H - 6 - 3 - 80 - Pb, Ag 2618
Genthite $32SiO^2$ 30 NiO 3,5 MgO, CaO 17 H^2O - A^{5}_{22} C^{16}_{17} PS 2,6 2619
Géocérellite, résine fossile 2620
Géocérite ..... idem 2621
Géocronite, sulfoantim. de Pb. - $Pb^3Sb^2S^8$ 2622
Géomyricite, résine fossile 2623
Géoxène, syn. de fer météorique nickelé 2624
Georges Châtelaison St (M. et M.) Soulanger. 4183^H 1843 - anth. 2625
Georges de Luzençon (Aveyron) 1902^H 17 - 3 - 36 - Alun, houil. 2626
Georges-s-Loire St (M. et L.) 1150 - 17 - 6 - 29 - anthr. 2627
Georgien ..... 1 G^3_1 2628
Gerhardite, azotate hydraté de Cu 2629
Germain St (Orne) - III - 1 G^3_2 - 10° 2630
Germain d'Alais St (Gard) St Jean 785^H 2 - 9 - 68 - houil. 2631
Germain des Prés St (M. et L.) 914^H 23 - 5 - 41 - Anthr. 2632
Germarite, var. d'Hypersthène 2633
Gersbyite, espèce voisine de Lazulite 2634
Gersdorffite, v. Disomose Ni As 2635
Gervais St (Her.) Graissessac 1682^H 31 - 1 - 1789 - houille 2636
Gervais St (H. Savoie) III - IV - 2 G^1 dolomie 20° 42° 2637
Gervais d'Auvergne (P. d. D.) Gouttières 539^H 3 - 8 - 00 - houil. 2638
Geyérite, var. sulfurée de Leucopyrite 2639
Geysérite, silice en choux-fleur, déposée par les geysers. 2640
Gibbsite, var. d'Hydrargillite 2641
Gieseckite, var. de Néphéline. P.S $^{2.74}_{2.85}$ - d $^{3.5}_{3}$ Σ^4 C^{16}_{22} 2642
Gieseckite (porphyre à) orthophyre à Gieseckite 2643
Gigantolite, v. de Cordierite, Σ^3 - C^{22}_{24} 2644
Gigondas (Vaucluse) - 2 I - III - IV - 2 - 3 G - 12° - 16° 2645
Gilbertite, var. de Muscovite, blanc-jaunâtre 2646
Gillebäckite, var. de Wollastonite 2647
Gillingite, var. d'Hisingérite 2648
Gilsonite, var. d'Uintahite 2649
Ginilsite, silicate hydr. d'Al, Fe, Mg, Ca 2650
Ginoles (Aude) - 2 II - 2 G^5_4 - 24° 29° 2651
Giobertite, $MgCO^2$ P.S $^{2.99}_{3.15}$ - d $^{4.5}_{5}$ Σ^4 - A^{42} $C^{1.11}_{24}$ 2652
Girasol, quartz laiteux opalescent 2653
Giraudière (Rhône) Courzieu 189^H 6 - 2 - 61 - houille. 2654
Giraumont (M. et M.) 800^H 18 - 6 - 86 - Fe 2655
Girodet (Isère) la Ferrière 368^H 30 - 11 - 25 - Fe. 2656
Giromagny (Belfort) 2916^H 26 - 3 - 43 - Cu, Pb, Ag. 2657
Gismondine, $H^8(CaK^2)Al^2Si^4O^{16}$ P.S 2,26 - d 4,5 Σ^2 C^1_2 2658
Gissac (Aveyron) 3 III - 2 G^1 - 10° 18° 2659
Giuffite, syn. de Miralite 2660
Givenchy (P. d. C.) - III - 1 G^5 - 19° 2661
Givetien ..... 1 G^4_4 2662
Givors-St Martin (Rhône) 249.32 - 12 - 12 - 21 - houille 2663
Gjellebékite, var. de Wollastonite 2664
Glace, H^2O - P.S 0.918 - d 1,5 - Σ^4 - A 42 C^1 2665
Glaciaires (époques) ..... 4 G^1 2666
Glaciaire (terrain) ..... 4 G^1 2667
Glageon (Nord) 275^H 24 - 2 - 25 - Fe 2668
Glagérite, var. d'Halloysite 2669
Glaise (terre), var. d'Arg. calc. impure marneuse 2670
Glaise verte ..... 3 G^2_1 2671
Glaize, argile marneuse 2672
Glasérite K^2SO^4 P.S $^{2.5}_{3}$ - d $^{3.5}_{3}$ Σ^3 - C^2 2673
Glaubérite $Na^2Ca\,S^2O^8$ P.S $^{2.64}_{2.85}$ - d $^{2.5}_{3}$ Σ^5 $C^{1.2.22}_{13.14.6}$ 2674
Glaucodote, (Co.Fe) SAs - P.S 6 - d 5 - Σ^3 - C^{25}_{28} 2675
Glaucolite, var. de Paranthine, bleu de ciel 2676
Glauconie $40SiO^2$ 18 Fe^2O^3 5 K^2O 1 Al^2O^3 7 H^2O. grains verts 2677
Glauconie grossière ..... 3 G^1_4 2678
Glauconie inférieure ..... 3 G^1 2679
Glaucophane, v. de Crocidolite, gris bleuâtre P.S 3,1 - d 6 2680
Glaucopyrite, var. Cobaltifère de Leucopyrite 2681
Glaucosidérite, syn. de Vivianite 2682
Glessite, résine fossile 2683
Glinkite, var. de Péridot 2684
Globigérine, boue à) boue calc. marine foraminifère 2685
Globosite, var. de Dufrénite 2686
Glockérite, sulfate ferrique hydraté 2687
Glossecollite, Halloysite blanche très fragile 2688
Glottalite, var. de Chabasie 2689
Glucinite, syn. de Herdérite 2690
Glypticien ..... 2 G $^{11}_{2}$ 2691

Gmélinite $H^2(Na^2Ca)Al^2Si^4O^{18}$ _P.S $\frac{2.04}{2.12}$ – d 4,3 Σ 4. 2692
Gneiss, agrégat rubané des éléments du granite 2693
Gneiss à Cordiérite, gneiss à geodes des trachytes. 2694
Gneiss fondamental, gneiss gris à grains fins... 2695
Gneiss granulitique, gneiss injecté de granulite... 2696
Gneiss gris, gneiss fondamental, 1 G¹.... 2697
Gneissiques (phyllades) 709 ou phyllit gneiss 2698
Gneïssite, gneiss granulitique........ 2699
Gneiss œillé, gneiss à lentilles de quartz et feldsp. 2700
Gneiss rouge, granulite rubanée rouge, très quartz. 2701
Godbrange (M. et M.) 952^H_10_10_78_ Fe 2702
Goekumite, var. d'Idocrase........ 2703
Goëmon, végétal de la tourbe marine..... 2704
Goethite $H^2Fe^2O^4$ _P.S $\frac{3.8}{4.4}$ – d $\frac{5.5}{5}$ Σ 3 – A $\frac{10.32}{10}$ – C $\frac{6.8}{12.14}$. 2705
Gomer (Mayenne) St Brice 1023_6_9_25_ Anth. 2706
Gongylite, var. d'Eudnophite.......... 2707
Gonnardite, zéolite à Ca, Na......... 2708
Gordaïte, syn. de Ferronatrite 2709
Gore blanc, grès trappéen schiste argil. feldsp.... 2710
Gorge Noire (Savoie) St Michel 122^H 14-7-58_ Anthr. 2711
Gorges (Isère) la Garde, 1-7-96.... talc... 2712
Gorlandite, syn. de Minétite........ 2713
Gortiague (B.P.) Briscous 5007_6_8_59_ Sel.. 2714
Goshenite, var de Béryl........ 2715
Gosterite $H^{14}ZnSO^{11}$ _P.S $\frac{2.1}{2}$ _d $\frac{2.5}{2}$ Σ 3 C $\frac{2}{6}$, 5 . 2716
Gothlandien..... 1 G $\frac{3}{3}$............ 2717
Gotthardite, syn. de Dufrenoysite.... 2718
Goudargues (Gard) 936^H 28_4_39_ Lignite... 2719
Gouhenans (H. Saône) 1378^H_30_7_28_ Lignite... 2720
Gouhenans (H. Saône) 688^H 3_1_45 Sel..... 2721
Gourayas (Alger) Cherchell. 894^H_18_3_65_ Fe... 2722
Gourd' Marin (Loire) Rive-Gier-3251_3_8_08_ houill. 2723
Gournay (S. Inf.) _4 III_3 G $\frac{1}{3}$_ sable ferr. 10°. 2724
Gouvic (Calvados 329^H_4_3_96_ Fe...... 2725
Goyazite, phosph. hydr. de Ca, AL....... 2726
Grabonnières (Belfort) 256^H 16_1_49_ Fe.... 2727
Grhamite, var. d'Asphalte........ 2728
Graissessac v. Dervois, Gervais........ 2729
Graménite Graminite, var. de Nontronite... 2730
Grammatite, v. Trémolite........ 2731
Grammite, syn. de Wollastonite........ 2732
Granatite, v. Grenatite.......... 2733
Granatoïde, var. d'Idocrase........ 2734
Grand Champ (Isère) Pinsot_47^H 15_1_17_ Fe... 2735
Grand Champ (S. et L.) Ecuisses 1444^H 19_1_41. houill. 2736
Grand Clot (H. Alp.) Grave 20_7_07_ Pb....... 2737
Grand Combe (Gard) 3601^H 7_5_17_ houille.... 2738
Grande Concession (B. d. R.) Greasque 6283^H_1_7_09_ Lign. 2739
Grand Croix (Loire) 207^H_1_12_24_ houille....... 2740
Grand Denis (Doubs) Flangebouche 405^H_1_11_1788_ houil. 2741
Grande Draque (Isère) Molle Aveillons 277^H_4_7_06_ Anthr. 2742
Grandes Flaches (Loire) Rive-Gier 22^H_7_10_09_ houill. 2743
Grande Goutte (M.M.) Maron 239^H_10_2_69_ Fe..... 2744
Grande Oolithe, v. Oolithe.............. 2745
Grand Essart (Isère) Theys 37^H 14_1_60_ Fe..... 2746
Grandeyrolles (P. d. D.) II_1 G _ 11°......... 2747
Grand filon (Savoie) Fourneaux 400^H_3_6_60_ Fe.... 2748
Grand filon (S. et L.) Romanèche 4^H_8_11_29_ Mn.. 2749
Grand Gorgeat (Isère) Theys. 160^H 7_4_49 Fe.. 2750
Grand Joly (Isère) St Agnès 395^H 10_2_58_ Anthr.. 2751
Grandrif (P. d. D.) _IV_1 G¹_12°......... 2752
Grand Vaire (Doubs) 331^H_28_12_64_ Fe..... 2753
Grand Vallon (H. A.) Monêtier 162^H 7_7_69_ Anthr. 2754
Grande Verrissière (Gard) Durfort 93^H 29_6_39 Pb. 2755
Grand Villard (H. A.) Villard 422^H 2_4_62_ Anth. 2756
Grange Dufey (Drôme) Nyons 663^H 11_4_39 Ligni... 2757
Grangésite, alt. de Ripidolite........ 2758
Granite, de feldspath, mica et quartz moulant le tout. 2759
Granite à Amphibole (mica remplacé par hornblende) 2760
Granite à mica blanc, A 2, clair, kaolinisé.... 2761
Granite (petit), syn. de calcaire à crinoïde...... 2762
Granite porphyroïde (à grands crist. de feldspath.) 2763
Granitelle, granite à éléments microscopiques.... 2764
Granitite, granite à biotite, à orthose et oligoclase.... 2765
Granitone, Euphotide de Toscane......... 2766
Granitophyre, porphyre granitoïde......... 2767
Granoliparite, R. granitique à feldspath vitreux.. 2768
Granophyre, syn. de microgranulite...... 2769
Granosphérite, globules microcristallins (inclusions) 2780
Granulite, R. granitique (aspect d'un grès grenu).. 2781
Granuline, var. de Silice............ 2782
Granulophyre, porphyre microgranulitique.... 2783
Graphite_ C_P.S $\frac{1}{2}$: $\frac{9}{3}$_ d 0,5_ A $\frac{11}{2}$_ C 3° Pic...... 2784
Graphiteux (gneiss) à lamelles de graphite.... 2785
Graphitite, var. de Graphite....... 2786
Graptolites, hydrozoaires du Silurien.... 2787
Grastite, var. de Kämmererite........ 2788
Graulite, var. de Taurisite........ 2789
Grauwackes, Schistes décalcifiés, caverneux, grès, grenus 2790
Grave-rand (Loire) Rive-Gier, 91^H 10_4_1759 houill. 2791
Graville (Seine Inf. III_3 G $\frac{1}{2}$_ craie_ 10°... 2792
Gréasque-Belcodène (B. d. R. 1057^H 1_7_09..... 2793

Greenlandite. v. Groenlandite 2794
Greenockite, cadmium sulfuré. Σ^4 P.S $\frac{4.9}{5}$ d $\frac{3.5}{3}$ C ^{11} .. 2795
Greenovite, Sphène Manganésifère, rouge chair 2796
Green rock. R. porphyritiques du houiller Anglais 2797
Green sand upper ... 2G $\frac{5}{4}$ 2798
Green sand lower, argile du barrémien Anglais 2799
Greenstone, désignation Anglaise du Diabase ... 2800
Grégorite. var. de Bismuthite ou d'Ilménite? 2801
Greisen, granite à mica blanc sans feldspath .. 2802
Grenats, term. gén. $R^3R^2Si^3O^{12}$ R = Ca, Mg, Fe, Mn. Cr. R = Al, Fe, Cr. 2803
Grenatite, syn. de Staurotide. v. suivant ... 2804
Grenatite, agrégat crist. de grenat et d'amph. hornblende 2805
Grenay (P.d.C.) 6352^H 15-1-53 – houille 2806
Grengésite, alt. de ripidolite 2807
Grenoullis (B.A.) St Maime. 141^H 20-10-1848 2808
Gréoux (B.A.) – I – 35° ... 2 G $\frac{5}{1}$ 2809
Grès de protagglomeré à grains fins 2810
Grès bigarré ..... 2 G ^{1} (base du trias.) 2811
Grès cuprifère, ... 1G $\frac{6}{3}$ grès thuringien russe 2812
Grès des Vosges, ... 2G $\frac{1}{1}$ 2813
Grès ferrugineux, grès à ciment d'oxyde de fer .. 2814
Grès flexible, quartzite micacé du Brésil ... 2815
Grès rouge ...... 1 G $\frac{6}{4}$ 2816
Grès rouge vieux, dévonien inférieur anglais .. 2817
Grès rouge nouveau, 1G ^{6} ou 1G ^{1} recouvr. le 1 G ^{6} anglais 2818
Grès vert, grès glauconieux du Barrémien .. 2819
Grimaud (Var) 836^H 26-11-94 – Zn, Pb, Ag. etc ... 2820
Griottes, marbres dévoniens rouges 2821
Griphite, fluophosphate de Mn avec alcalis 2822
Griqualandite. silic. hydr. de Fe, pseudom. de Crocidolite 2823
Grochauite, hydrosilicate d'Al, Mg 2824
Groddeckite, var. de Gmélinite 2825
Groenlandite, var. de Columbite 2826
Groppite, var. de Pinite 2827
Groroïlite, var. de Wad. – C $^8_{24}$ – A $^{23}_{24}$ 2828
Grorudite, équiv. des granites sodifères 2829
Grosménil (H.L) Ste Florine, 731^H 4-6-62 – houille. 2830
Grossulaire. $Ca^3Al^2Si^3O^{12}$ – P.S $^{3,4}_{3,6}$ – d $^{6,5}_{7}$ – Σ^1 – A $^{53,47}_{57,50-48}$ – C $^{25,8}_{10,14,23}$ 2831
Gros-Villan (Savoie) Montgelafray, 187^H 20-5-60 – Pb. Ag. 2832
Grothite, var. de Sphène 2833
Grozon (Jura) 292^H 12-4-45 – Sel 2834
Grozon (Jura) 1100^H 8-3-45 – houille 2835
Grünauite, var. de Millerite avec Bi, Fe, Co, Cu – Σ^1 – P.S $^{5.13}$ d 4.5. 2836
Grünerite, var. d'amphibole non alumineuse 2837
Grüntingite, var. de Joséite 2838
Gshélien .... 1G $\frac{5}{3}$ – 4 2839

Grünstein, diorite décomposée verdâtre 2840
Gruvaz – Sangle (H. Savoie) St Gervais 382^H 28-6-57. Pb, Ag. 2841
Gryphées (Calcaire à) ... 2 G $\frac{2}{3}$ 2842
Guadalazarite, sulfoséléniure d'Hg, Zn 2843
Guanajuatite, var. de Frenzélite 2844
Guanapite, sulfoxalate de K. et Am 2845
Guanite, syn. de Struvite 2846
Guano. mélange d'ostéolite et de brushite 2847
Guanovulite, sulf. hydr. de K. et Am 2848
Guanoxalite. sulf. oxalate hydr. de K. et Am. ... 2849
Guaranien ...... 3 G $\frac{1}{1}$ 2850
Guarinite, var. de Sphène 2851
Guayacanite, syn. d'Énargite 2852
Guayaquillite, résine fossile 2853
Guejarite, var. de Wolfsbergite 2854
Guerrouma (Alger) 507.54 – 2-4-80 – Pb, Zn. 2855
Guillon (Doubs) – I – 2G ^{2} ... 12° ... 2856
Guitera (Corse) – I – 1G .... 37° 2857
Guitermanite, arséniosulfure de Pb 2858
Gumbélite, var. de Pyrophyllite 2859
Gummite, Pechurane hydratée avec $4SiO^2$, 6CaO – A $^{15}_{24}$ – C $^{11}_{8}$. 2860
Gunnisonite, var. impure de Fluorine 2861
Gurhofite, dolomie très calcifère 2862
Gurolite. v. Gyrolite 2863
Guttenstein (Calcaire de), du trias moyen Alpin 2864
Gymnite, var. de Chrysotile gommeuse 2865
Gypière (B.A.) St Martin. 626^H 19-8-50 – Lignite. 2866
Gypse, H^4CaSO^6 – P.S $^{2,31}_{2,33}$ – d 1,5 – Σ^5 – A $^{11}_{45}$ – C $^{1,2,6}_{12,22}$ 2867
Gypse Parisien ..... 3 G $\frac{1}{6}$ 2868
Gyrite, var. de Sidérose 2869
Gyrolite, var. d'Apophyllite 2870

H

Haarkies, syn. de Millérite 2871
Haarzeolite, syn. de Scolésite 2872
Haddamite, var. de Microlite 2873
Hafnefjordite, var. de Labrador 2874
Hagecourt (Vosges) – IV – 2G $\frac{1}{2}$ – 12° 13° .. 2875
Hagemanite, var. de Thomsénolite 2876
Haidingérite, arseniate rhombique de Ca .. 2877
Hainite, silicate de Ca, Na, Ti, Zn 2878
Halite, syn. de Sel gemme 2879
Hälleflinta, leptynite compacte ou pétrosilex. 2840
Halles (Isère) Vaulnaveys 26-33-3-8-48 – Fe .. 2841

Hallite, syn. de Webstérite 2842
Halloysite $H^4Al^2Si^2O^9 + Aq$, argile $A^{24.53}_{56}$ $C^{1,2.15}$ ... 2843
Halochalcite, syn. d'Atacamite 2844
Halotrichite $FeSO^4Al^2S^3O^{12}_{24}H^2O$ A^{10} $C^{2.12}_{15}$ ... 2845
Halouse (Orne) Chatelier 1210^{H} 8 – 4 – 84 – Fe ... 2846
Hamartite, syn. de Bastnaésite 2847
Hambergite, borate hydr. de Gl 2848
Hamelite, silicate d'Al, Fe, Mg 2849
Hamlinite, fluo-phosph. hydr. d'Al et de Sr ... 2850
Hammam (Oran) – 2 II – 4 G – 27° 72° ... 2851
Hammam-N'Bails (Const.) Sofia 2581.80 – 8 – 6 – 72 Calamine 2852
Hammam-Rhira (Alger) III – 3 – G^{3}_{2} – 20° 70° ... 2853
Hampshirite, var. de Talc 2854
Hanksite, sulfocarbonate de Na 2855
Hannayite, phosph. hydr. de Mg et Am ... 2856
Haplotypite, syn. d'Ilménite 2857
Haras (M. et M.) Rosières 524^{H} 15 – 2 – 82 – Sel ... 2858
Haraucourt (M. et M.) 811^{H} 17 – 5 – 86 – Sel ... 2859
Hardinghen (P. de C.) Rety 3000^{H} 6 – 6 – 1741 – houille 2860
Harretchia (B. P.) Briscous 34^{H} 25 – 7 – 81 – Sel 2861
Harise, syn. de Millérite 2862
Harmophane, var. de Corindon 2863
Harmotome (barytique) $H^{10}(Ba K^2)Al^2Si^5O^{17}$ $P.S.^{2.44}_{2.5}$ $d_{4.5}$ A^{12} C_{6} 2864
Harmotome (Calcaire), syn. de Christianite ... 2865
Harringtonite, mel. gommeux de Mésotype et Scolésite 2866
Harrisite, Chalcosine pseudomorphe de Galène ... 2867
Harstigite, silicate hydr. de Ca, Mn 2868
Hartine, var. de Succin, – P.S 1,15 2869
Hartite, var. de Fichtélite, fusible à 74° ... 2870
Hartmannite, syn. de Breithauptite ... 2871
Harzburgite, Péridotite à Pyroxène Σ^3 et olivine 2872
Hasnon (Nord) Wallers 1488.30 – 23 – 1 – 40 – houille 2873
Hastingsite, var. Sodifère d'Amphibole 2875
Hatchettine, var. d'Ozocérite Σ^3 $C^{2.15}_{24}$ – $P.S^{0.60}_{0.89}$ ... 2876
Hatchettolite, Pyrochlore uranifère 2877
Hauchecornite, sulfure Σ^2 de Ni, Bi ... 2878
Hauérite, MnS^2 Σ^1 – P.S 3,46 – d 4 – A^{39}_{40} – P 4 – C^8 ... 2879
Haughtonite, var. de Biotite 2880
Hausmannite Mn^3O^4 – $P.S^{4.7}_{4.9}$ – $d^{5.5}_{5}$ – Σ^2 – A^{15}_{7} – C^{30}_{31} ... 2881
Hautefeuillite, ph. hydr. de Ca, Mg 2882
Haute-Lay (M. et M.) Eulmont 152^{H} 29 – 3 – 74 – Fe ... 2883
Haute-Marne (phosphates d') N. S. grisâtres 2 G^{5}_{4} ... 2884
Hauterive (Drôme) 150^{H} 16 – 11 – 56 – Lignite ... 2885
Hauterive (S. et L.) St Pantaléon 518^{H} 20 – 8 – 64 ... 2886
Hauterive (Allier) 7 II – 4 G – 12° – 20° ... 2887
Hauterivien 2 G^{5} 2888
Hautrage (Sables et argiles d') – 2 G^{5}_{1} Aachenien Belge 2889
Haute-Saône (phosphates de) N. jaunâtres 2 G^{2} – 29.32 2890
Haüyne $(Na^2Ca)^2(Al^2)^2Si^2O^{20}S$ – Σ^4 – $P.S^{2.4}_{2.5}$ – $d^{5.5}_{6}$ – A^{42}_{47} – $C^{19.24}_{22.15}$ 2891
Haüynophyre, néphélinites basaltiques à haüyne ... 2892
Haydénite, var. de Chabasie 2893
Haye (M. et M.) Laxou 393^{H} 1 – 6 – 82 – Fe ... 2895
Hayesine, $H^{12}CaB^4O^{13}$ – C^2 2896
Haytorite, calcédoine pseudom. de Datolite ... 2897
Hazotte (M. et M.) Liverdun 414^{H} 28 – 4 – 60 – Fe ... 2898
Héas-Gavarnie (H. P.) Gèdre 1947^{H} 12 – 1 – 56 – Pb, Cu, Zn 2899
Heazlewoodite, sulf. voisin de Pentlandite ... 2900
Hébétine, syn. de Willémite 2901
Hébridien, gneiss fondamental d'Écosse ... 2902
Hébronite, Amblygonite sans soude 2903
Hécatolite, syn. de Pierre de Lune 2904
Hectorite, minéral pyroxénique 2905
Hedenbergite, diopside ferromagnésien P.S 3.5 – d 5.5 A^{12} C^{18} 2906
Hédrumite, Syénite éléolitique sans néphéline ... 2907
Hédyphane, var. incolore de Mimétèse ... 2908
Heersien ...... 3 G^{1}_{1} Σ^5 2909
Heintzite, borate hydr. de Mg, K 2910
Heldburgite, Guarinite sans Ti 2911
Hélénite, var. de caoutchouc minéral ... 2912
Hélices (Calcaire à) 3 G^{2}_{2} Calc. à Helix de la Beauce 2913
Héliolite, feldspath aventuriné 2914
Héliophyllite, var. d'Ecdémite 2915
Héliotrope, var. de Calcédoine verte à taches rouges 2916
Helminthe, Ripidolite à prismes tordus 2917
Helvétan, var. de Biotite 2918
Helvétien ...... 3 G^{3}_{2} 2919
Helvine $(Mn, Gl, Fe)^7Si^3O^{13}S$ – $P.S^{3.37}_{3.2}$ – $d^{5.5}_{6}$ – Σ^1 – A^{43} – $C^{12}_{17.24}$ – 2920
Hémafibrite, arséniate hydr. de Mn 2921
Hématite, var. d'Oligiste rouge sang 2922
Hématite brune, syn. de Limonite 2923
Hématite rouge, var. rouge d'Oligiste compact ... 2924
Hématoconite, calcaire marbre rouge sang ferreux 2925
Hématolite, arséniate hydr. de Mn 2926
Hématostibite, antimoniate de Mn, Fe ... 2927
Hémichalcite, syn. d'Emplectite 2928
Hémimorphite, syn. de Calamine 2929
Hémithrène, var. de diorite calcifère 2930
Hémitropes (lamelles) tournées de 180° l'une par rap. à l'autre 2931
Hénisien ...... 3 $G^{2}_{1.2}$ 2932
Henkelite, syn. d'Argyrite 2933
Henryite, mel. d'Altaïte et Pyrite 2934
Henwoodite, phosph. hydr. d'Al, Cu 2935

Hépatite, syn. de Barytine 2936

Hépatopyrite, marcassite compacte semi-métall . . . 2937

Hérault (phosph. de l') N. C^{11}_{23} – 2 G^{4-5} – 1 G^{2-4} 20 % 2938

Hércynien . . . . 1 G^{4}_{2} 2939

Hercynite (Fe Mg) Al^2O^4 – P.S $^{3.91}_{3.95}$ – $d^{7.5}_{8}$ – A^{15} – C^{23}_{30} 2940

Herdérite, fluophosphate de Ca et Gl 2941

Herent St (P.d.D.) – II – 1 G^1 – 9°,8 2942

Hérines (Isère) Theys – 371^H 5 . 8 – 61 – Fe 2943

Hérmannite, Amphibole manganésifère . . . 2944

Hermanolite, var. de Baiérine 2945

Herménite, var. mercurifère de Panabase . . . 2946

Hermillon (Savoie) – IV – 1 G – 30° 2947

Herrengrundite, sulfate hydr. de Cu, Ca 2948

Herrerite, Smithsonite cuprifère 2959

Hershélite, zéolite voisine de Chabasie 2950

Herserange (M. et M.) Hussigny 433^H 13 – 7 – 70 – Fe . . . 2951

Herterine, arsénio-antim. de Cu, Ag, Fe, etc . . . 2952

Hervien . . . . . 2 G^{6}_{1} 2953

Hesbayen (Limon) manteau limoneux du loess . . 2954

Hessenbergite, var. d'Euclase 2955

Hessite Ag^2Te – P.S $^{8.31}_{8.79}$ – $d^{2.5}_{3}$ – Σ^1 2956

Hessonite, v. Essonite 2957

Hétærolite, Haussemannite zincifère 2958

Hétépozite, v. Hétérosite 2959

Hétérocline, var. de Braunite à 10 % de Fe^2O^3 . . 2960

Hétérogénite $H^{12}Co^6O^{13}$ – P.S 3,44 – d 3 2961

Hétérolite, v. Hétærolite 2962

Hétéromérite, var. d'Idocrase 2963

Hétéromorphite, Jamesonite capillaire 2964

Hétérosite, phosphate hydraté de Mn et Fe 2965

Hettangien, ... 2 G^{2}_{2} 2966

Hibberlite, carbon. hydr. de Ca. Mg 2967

Hiddenite, triphane vert émeraude 2968

Hielmite, v. Hjelmite 2969

Hieratite, fluosilicate de K. 2970

Hilaire St (Allier) 996^H – 10 – 9 – 54 – Schi. bitum. . . 2971

Hilaire St (Allier) 635^H 30 – 6 – 60 – houille . . . 2972

Hils, (Conglomérat de) dominant l'Argile Wealdienne . 2973

Hillangsite, var. de Cummingtonite à Mn . . . 2974

Hintzeite, v. Hintzite 2975

Hiortdahlite, fluo-silico-zirconate de Ca et Na 2976

Hippiquienne (assise) . . . . 4 G^{1}_{1} 2977

Hippolyte St (Gard) – I – 3 G^1 – 10° – 13° 2978

Hippolyte St du fort (Gard) 396^H 9 – 5 – 89 – Zn, Ag . . 2979

Hippurites (calc. à) calc. supracrétacés 2980

Hircine, résine fossile 2981

Hisingérite, syn. de Gillingite 2982

Hislopite, var. de Chlorophæite 2983

Hitchockite, var. de Plombgomme 2984

Hjelmite, esp. vois. d'Yttrotantale 2985

Höférite, silic. ferrique hydraté 2986

Hofmannite, résine fossile 2987

Hohmannite, var. d'Amarantite 2988

Holmésite, var. de Brandisite 2989

Holocristallines (roches) entièrement cristall. 2990

Holosidères, météorites en fer natif pur 2991

Homécourt (M et M) 894^H – 11 – 8 – 84 – Fe 2992

Homichline, var. d'Erubescite 2993

Homilite, datolite ferreux P.S $^{3.28}_{3.34}$ 2994

Homme, ... 4 G^{4} et 4 G^3 douteux 2995

Homoseistes, v. Isoseistes 2996

Homotaxiques (formations) équivalentes 2997

Honigstein, syn. de Mellite 2998

Honoré St (Nièvre) – 2 I – 2 G^{3-4} 29° – 31° 2999

Hopeite, Phosph. hydr. de Zn – P.S 2,76 – $d^{2.5}_{3}$ – Σ^3 – C^{12}_{22} A^{17} 3000

Hopfnérite, syn. de Trémolite 3001

Horbachite, sesquisulfure de Ni, Fe 3002

Hornbergite, arséniate d'Urane 3003

Hornblende, Amphibole alum. ou ferr. $C^{12.21}_{24}$ – P.S $^{3.4}_{3}$ – d 5,5 – A^{11} 3004

Hornblendites, R. granitoïde à hornblende sans feldspath . 3005

Hornésite, arséniate hydr. de Mg 3006

Hornfels, pétrosilex corné 3007

Hornmangan, alt. quartzeuse de la Rhodonite . . 3008

Hornstein, silex corné 3009

Horsfordite, antimoniure de Cu 3010

Hortonite, alt. de Pyroxène 3011

Hortonolite, var. très ferreuse de Péridot 3012

Houdemont (M. et M.) Vandœuvre 241^H 9 – 7 – 67 – Fe . 3013

Houghite, alt. de Spinelle en hydrotalcite 3014

Houille. P.S $^{1.25}_{1.35}$ – $d^{2.5}_{2}$ – $A^{24}_{1.3}$ – C^{23} 3015

Houiller . . . . . . 1 G^{5}_{3-5} 3016

Hovelite, syn. de Sylvine 3017

Houppes quartzeuses, auréoles cristal des granophyres 3018

Hovite, carbonate d'Al et Ca 3019

Howardite, silicate météor. de Fe, Mg 3020

Howlite, silicoborate hyd. de Ca 3021

Huantajayite, chlorure de Na et Ag 3022

Huascolite, var. zincifère de Galène 3023

Hubac, voy. Cerisier (A.M.) 3024

Hubacs de Manosque (B.A.) 43^H 28 – 8 – 45 – Lignite 3025

Hubacs de Volx (B.A.) 211^H 13 – 2 – 36 – Lignite . . 3025

Hubnérite 76,4 WO^3 23,4 MnO Σ^3 – P.S 7,14 – d 4,5 C^8 . 3027

Hudsonite, var. de Pyroxène à AL et Fe 3028
Huelgoat (Finistère) 612^{H} 3-9-97 – Pb. Zn. Ag. 3029
Hugon St (Savoie) Arvillard 466^{H} 6-5-74 – Fe 3030
Huisserie (Mayenne) 1110^{H} 13-12-32 Anthr. 3031
Huîtres (Marnes à) 3G^{2}_{2} 3032
Hullite, silicate voisin de Delessite 3033
Humboldtine $H^6Fe^2C^4O^{11}$ – Σ^3 – P.S 2.25 – d 2 – C^{11} 3034
Humboldtite, syn. de Datolite 3035
Humiferrite, humate de Fe 3036
Huminite, var. de Lignite 3037
Humite, $H^2(MgFe)^{19}Si^8O^{34}F^4$ – P.S $^{3.18}_{3.23}$ – d 6.5 – Cii – A^{17}_{37} 3038
Humites, terme gén. form. précéd. (V. chondrodite, Clinohumite) 3039
Hunsrückien 1G^{4}_{2} 3040
Huntérite, var. de Cimolite 3041
Huntilite, arséniate complexe d'Ag. 3042
Huréaulite, $H^{10}(MnFe)^5P^4O^{20}$ – P.S $^{3.18}_{3.2}$ – d 5 – Σ^5 3043
Huronien 1G^{1} 3044
Huronite, alt. d'Anorthite 3045
Huttenbergite, syn. de Löllingite 3046
Hussigny (M. et M.) 206^{H} 3-1-75 – Fe 3047
Huyssénite, var. ferrifère de boracite 3048
Hyacinthe, var. de zircon à facettes arrondies 3049
Hyacinthe blanche, syn. de Meionite 3050
Hyacinthe de Compostelle, quartz rouge de sang 3051
Hyacinthine, syn. d'Idocrase 3052
Hyalite, opale transparente globulaire à éclats gras 3053
Hyaloandésite, vitrophyre (rétinite perlite, obsidienne) 3054
Hyalobasalte vitrophyre basaltique, (verres solubles) 3055
Hyalomélane, var. vitreuse de Labrador 3056
Hyalomicte, (Greisen) granite à mica blanc sans feldspath 3057
Hyalophane, feldspath barytique. Σ^5 3058
Hyalopilitique (texture) microlithique vitreux 3059
Hyalophonolite, phonolite vitreuse 3060
Hyalophyre, porphyroïde bleuâtre 3061
Hyalosidérite. Péridot à 32 MgO 28 FeO. – A^{7}_{29} – $C^{15.26}_{16.27}$ 3062
Hyalotourmaline, syn. de Tourmalinite 3063
Hyalotékite, boro-silicate de Pb, Ba. Ca 3064
Hyalotrachyte, trachyte vitreux 3065
Hyblite, syn. de Palagonite 3066
Hydaspien 2G^{1}_{2} 3067
Hydrargillite $H^6Al^2O^6$ – Σ^{3-5} P.S $^{2.34}_{2.39}$ – d $^{2.5}_{3}$ 3068
Hydrargyrite, oxyde d'Hg 3069
Hydroapatite, var. hydr. d'Apatite 3070
Hydrobiotite, biotite hydratée 3071
Hydroboracite, borate hydr. de Mg. Ca 3072
Hydroboracalcite, syn. d'Hayésine 3073
Hydrobucholzite, alt. de Sillimanite 3074
Hydrocalcite, Ca. CO^3 2 H^2O 3075
Hydrocastorite, alt. de Pétalite 3076
Hydrocérite, syn. de Lanthanite 3077
Hydrocérusite, var. hydr. de Cérusite 3078
Hydrochlore, var. de Pyrochlore 3079
Hydroclintonite, Clintonite à 3 H^2O 3080
Hydroconite, carbon. hydr. de Ca 3081
Hydrocuprite, var. hydr. de Cuprite 3082
Hydrocyanite $CuSO^4$, prismatique, C^{16}_{24} 3083
Hydrodolomite, H^3CO^2 2 CaO. 23 MgO, 7 H^2O – P.S 2.49 A^{24} 3084
Hydroferrite, syn. de Limonite 3085
Hydrofluocérite, syn. de Bastnaésite 3086
Hydrofluorite, acide fluorhydrique des Volcans 3087
Hydrofranklinite, Franklinite hydratée 3088
Hydrogiobertite, carbonate hydr. de Mg. 3089
Hydrohalite, chlorure hydr. de Na. 3090
Hydrohématite, var. de Gœthite 3091
Hydroilménite, alt. de Menaccanite 3092
Hydrolanthanite, syn. de Lanthanite 3093
Hydroïdes, Hydraires, Hydrozoaires, anim. coralligènes 3094
Hydrolite, syn. de Gmelinite 3095
Hydromagnésite, $H^8Mg^4C^3O^{14}$ – P.S $^{2.64}_{2.68}$ – d $^{1.5}_{2}$ – Σ^6 – A^{9}_{11} 3096
Hydromanganocalcite, syn. d'Hydrodolomite 3097
Hydronickelite, oxyde hydraté de Ni 3098
Hydronoséane, noséane artificielle 3099
Hydrophane, opale transparente dans l'eau 3100
Hydrophilite, chlorure de Ca 3101
Hydrophite, var. de Serpentine 3102
Hydrophyllite, v. Hydrophilite 3103
Hydropite, alt. de rhodonite 3104
Hydroplumbite, oxyde hydr. de Pb, douteux 3105
Hydropyrite, syn. de Marcassite 3106
Hydrorhodonite, Rhodonite altérée lithinifère 3107
Hydrorutile, rutile hydraté 3108
Hydrosamarskite, Samarskite hydratée 3109
Hydrosidérite, syn. de Limonite 3110
Hydrosilicite, silic. hydr. de Ca. Mg 3111
Hydrostéatite, var. de Talc 3112
Hydrotachylyte, var. vitreuse de Labrador 3113
Hydrotalc, syn. de Pennine 3114
Hydrotalcite, oxyde hydr. d'Al et Mg 3115
Hydrotéphroïte, alt. de Téphroïte 3116
Hydrotitanite, alt. de Dysanalyte 3117
Hydrozincite, v. zinconise, $H^4Zn^3CO^8$ P.S $^{3.25}_{3.58}$ A^{24} – C^2 3118
Hygrophilite, silic. hydr. voisin de Pinite 3119

Hypargyrite, syn. de Miargyrite 3120
Hypersthène, Pyroxène Σ^3 – $FeMgSi O^3$ – $PS^{3,5}_{3,4}$ – d6 – A^8_9 – $C^{18,27}_{24}$ – 3121
Hypérites, R. pyroxène à hypersth. ferroxydulé. Labrador, Anorthite. 3122
Hypochlorite, var. de Bismuthoferrite 3123
Hypocristallines (roches), R. cristal. semi-vitreuses. 3124
Hypodesmine, var. de Desmine 3125
Hypoléimme, syn. de Lunnite 3126
Hyposclérite, var. verte d'Albite 3127
Hypostilbite, var. de Stilbite 3128
Hypotyphite, arsenic bismuthifère 3129
Hypoxanthite, ocre dite Terre de Sienne 3130
Hystatite, var. d'Ilménite 3131
Hyvertite, syn. d'Alotite 3132
Hyrcanien ...... $4G^4_3$ 3133
Hythe (couches de) ... $2G^5_3$ 3134

I

Icantelly (B.P.) Sare 128 h 5 – 6 – 61 – Anthr. 3135
Iberite, var. de Pinite 3136
Ichthyodorulites, placoïdes fam. des Squales à aiguillons 3137
Ichthyophthalme, syn. d'Apophyllite 3138
Ichthyosarcolithes, (Calcaires à) Caprina C. 3 Suessa. 3139
Iddingsite, var. rhombique de Bowlingite 3140
Idocrase, $H^2(Ca,Mg)^{8}(Al,Fe)^{2}Si^{7}O^{29}$ – $PS^{3,34}_{3,8}$ – d6-5 – Σ^2 – $A^{57,43}_{43}$ – $C^{15}_{19,24}$ 3141
Idrialine, v. Idrialite 3142
Idrialite, var. d'Ozocérite, $PS^{1,4}_{1,5}$ – C^{22}_{23} 3143
Idriatine, v. Idrialite 3144
Idrizite, sulf. du groupe botriogène 3145
Igelströmite, var. de Knébélite 3146
Iglésiasite, Cérusite zincifère 3147
Iglite, var. d'Aragonite 3148
Ignatiewite, silic. hydr. impur. d'Al. K. 3149
Igornay (Saône et Loire) 522 h 29 – 7 – 41 – Sch. bitum. 3150
Ihleïte, sulfat. hydraté de Fe 3151
Ijolite, R. grenue toide de néphéline, pyroxène, iivaarite 3152
Iivaarite, v. Tvaarite 3153
Ildefonsite, syn. de Tantalite 3154
Ilésite, sulfat. hydr. de Mn, Fe, Zn 3155
Illudérite syn. de Zoïsite 3156
Ilménite, $(TiFe)^2O^3$ – Σ^4 – $PS^{4,6}_{5,3}$ – d^5_6 – C^{30} – P^{12}_{14} 3157
Ilménorutile, rutile ferreux 3158
Ilsemannite, molybdate d'oxyde de molybdène C^{23}_{20} 3159
Ilvaïte, $H^2Ca^2Fe^4Fe^2Si^4O^{18}$ – $PS^{3,8}_{4}$ – $d^{5,6}_{6}$ – Σ^3 – A^{99}_{51} – C^{30} 3160
Imbriquée (structure) succession de failles formant rejets parallèles 3161
Indianaïte, var. d'Halloysite 3162
Indianite, var. d'Anorthite 3163
Indigolite, Tourmaline bleue ferrugineuse 3164
Indre (phosph. de l') N. gris jaunâtres $2G^{2-6}$ 21-27 % 3165
Inésite, silicate hydraté de Mn. Ca 3166
Infra-crétacée (série) ... $2G^5$ 3167
Infra-lias ...... $2G^2_{2-3}$ 3168
Infra-tongrien ...... $3G^2_1$ 3169
Infravalanginien .... $2G^5_1$ 3170
Infusoires (terre à), tripoli, kieselguhr 3171
Inolite, tuf calcaire 3172
Intermédiaires (Roches) R. neutres 55 à 65 % de SiO^2. 3173
Interstale, interstitielle (texture) à microlithes enchevêtrés. 3174
Intratellurique (cristallisations) R. crist. avant l'émergence 3175
Invérarite, var. de Pyrrhotine nickélifère 3176
Iochroïte, silicate vanadifère 3177
Iodargyre, AgI. PS 5.71 – $d^{1,5}_{1}$ – Σ^4 – A^5 – $C^{11,16}_{24}$ 3178
Iodargyrite, v. Iodargyre 3179
Iodite, syn. d'Iodargyre 3180
Iodobromite, iodochlorobromure d'Ag 3181
Iodsilber, syn. d'iodargyrite 3182
Iodyrite, id. .. id. 3183
Iolite, cordiérite d'un bleu foncé 3184
Ionite, hydrocarbure naturel mal défini 3185
Iranien (arc) Chaîne montagneuse de l'Inde ... 3186
Iridium. I – PS 22,7 – d 6 à 7 – Σ^1 3187
Iridosmine, v. Newjanskite et Syssertskite ... 3188
Iridosmium, syn. de Syssertskite 3189
Irisées (Marnes) ..... $2G^1_{3-4}$ – (Princip. Jurassien). 3190
Irite, mél. de chromite et d'Iridosmine 3192
Isabellite, var. de Richtérite 3193
Isanabases, v. Isoanabases 3194
Isère (phosph. de l') S et N. jaunâtre $2G^{4-5}$ 20-25 % 3195
Isérine, Isérite, var. d'Ilménite 3196
Isoclase, isoclasite, phosph. hydr. de Ca 3197
Isolaccio (Corse) – I – 1G – 55° 3198
Isoanabases, Courbes d'iso-submersion des temps glaciaires 3199
Isobases, Courbes d'iso-émersion des continents actuels ... 3200
Isochimènes, ligne isotherme du mois le plus froid. 3201
Isoclinal, appartenant à un pli renversé ou couché. 3202
Isogéothermes, Courbes d'égale chaleur interne ... 3203
Isophane, var. de Franklinite 3204
Isopiques, formations semblables non contemporaines 3205
Isopyre, var. impure d'Opale 3206

Isostases, bases d'une théor. améric. de la sédimentation 3207
Isoséistes, courbes d'égales vibrations sismiques... 3208
Isothermes, lignes des régions d'égale température 3209
Isotropes, sans action sur la lumière polarisée... 3210
Ispagnac (Lozère) 2375^H 30-4-62 _ Pb, Ag..... 3211
Issards (les) (Aveyron) Cransac, 141^H 11-2-54 _ houill. 3212
Itabirite, Micaschiste oligistifère........ 3213
Itacolumite, grès flexible du Brésil...... 3214
Ittnérite, alt. d'Haüyne 3215
Ivaarite, Iwaarite, grenat titanifère..... 3216
Ivigtite, silic. hydr. d'Al, Fe, Ca, var. de gilbertite... 3217
Ixiolite. v. Ixionolite 3218
Ixionolite, var. de Tantalite manganésée... 3219
Ixolyte, cire fossile 3220

J

Jacques St (H.A.) Villard 55^H 28-2-63 _ Anthr.. 3221
Jacksonien ...... $3G\frac{1}{2}$ 3222
Jacksonite, var. de Prehnite 3223
Jacobsite, Spinelle de Fe, Mn, Mg....... 3224
Jade, var. de Jadeite du Thibet 3225
Jade de Saussure, ou Saussurite, subst. feldspathique 3226
Jadeite, var. d'Ægirine $Na^2Si^4Al^2O^{12}$ _ P.S 3.5 _ d 6.5 _ Σ^5 _ A^{42} _ $C^{2.16}_{17}$ 3227
Jaipurite, sulfure de Co............. 3228
Jais, var. de Lignite fibro-compacte........ 3229
Jakoutien........ $2G\frac{1}{3}$ 3230
Jaille-Yvon (M. et L.) 2490^H 24-2-70 _ Fe....... 3231
Jalpaïte, var. d'Argyrite _ Σ^1 _ P.S 6.9 _ d 2.5.... 3232
Jamesonite $Pb^2Sb^2S^5$ _ Σ^3 _ P.S $^{5.5}_{6}$ _ d $^{2.5}_{3}$ _ A9 _ C $^{25}_{28}$ 3233
Janon (Loire) Terre Noire; 215^H 4-11-24 _ houill. 3234
Jargon, syn. de Zircon.............. 3235
Jarny (M. et M.), 812^H 8-6-86 _ Fe........ 3236
Jarosite, sulfate hydr. de Fe, Na, K. 3237
Jarville (M. et M.) 324^H 24-12-81 sel..... 3238
Jarrowite, syn. de Thinolite 3239
Jaspe, Argile durcie sursaturée de silice anhydre 3240
Jaspe opale, var. d'Opale très ferrugineuse 3241
Jaspe sanguin, Calcédoine "héliotrope"... 3242
Jaujac (Ardèche) _ 3 II _ laves _ 15°.... 3243
Jaujac (Ardèche) _ 452^H 8-7-65 _ houille.. 3244
Jaulingite, résine fossile 3245
Jayet, v. Jais 3246
Jay Rouge (Doubs) Laissey 63^H 19-56 _ Fe... 3247
Jean St (M. et M.) Pont St Vincent 150^H 26-2-72 _ Fe.... 3248
Jean St (H.A.) Villard 50.48 _ 12-10-41 _ Anthr.. 3249
Jean Bonnefonds St (Loire) 322^H 23-5-41 _ houille. 3250
Jean Ceyrargues St (Gard) _ 3 I _ $3G\frac{1}{}$ 10°..... 3251
Jean Cole St (Dordogne) 666^H 24-12-46 _ Mn, Cobalt 3252
Jean du Gard St (Gard) 2585^H 21-8-77 _ Cu, etc.. 3253
Jean Marvejols St (Gard) 284^H 4-6-59 _ bitume... 3254
Jean du Pin St (Gard) 691^H 19-8-56 _ Py, Fe, etc.... 3255
Jean de Toulas St (Rhône) 173^H 27-8-57 houille. 3256
Jean de Valeriscle St (Gard) 333^H 6-12-54 _ Py, Fe.. 3257
Jean de Valeriscle St (Gard) 2177^H 12-11-1809 _ houill. 3258
Jefferisite, esp. de mica hydraté 3259
Jeffersonite, var. zincifère de Pyroxène..... 3260
Jefreinowite, v. Jewreinowite 3261
Jellite, var. de Mélanite 3262
Jemmapes (Constantine) _ I-II-III _ Schistes. 30°50 3263
Jenkinsite, var. de Serpentine 3264
Jenzschite, var. d'Opale 3265
Jeremeiewite $(Al, Fe)^2B^2O^6$ _ P.S 3,28 _ d 6.5 _ Σ^{3-4} _ C 1 3266
Jewreinowite, var. d'Idocrase.......... 3267
Jeypoorite, v. Jaipurite 3268
Jivaarite, v. Ivaarite 3269
Jocketan, carbonate impur de Mn,....... 3270
Jœuf (M. et M.) Briey 1312 _ 17-8-85 _ Fe...... 3271
Jeuvre-Orlenot (L.) St Maurice 969^H 11-7-43 _ Anth. 3272
Jogynaïte, var. de Scorodite 3273
Johannite, sulf. hydr. d'U. et Cu......... 3274
Johnite, syn. de Turquoise.......... 3275
Johnstonite, alt. de Galène 3276
Johnstrupite, var. de Mosandrite 3277
Jollyte, esp. du genre Chlorite......... 3278
Jonquet (Aveyron) Cavalerie, 604^H 16-4-53 _ Lignite.. 3279
Jordanite arsénio-sulfure de Pb........ 3280
Joseite, sulfotellurure de Bi 3281
Josephinite, fer nickelé natif........... 3282
Jossaïte, chromate de Pb, Zn 3283
Jouan St (B.P.) Ureuil _ 221^H 25-6-86 _ Sel... 3284
Jouaville (M. et M.) 1031^H 19-3-87 _ Fe. 3285
Joudreville (M. et M.) 501^H 20-3-1900 _ Fe.... 3286
Joursat (P. d. D.) Singles 116^H 22-11-26 _ Pb... 3287
Joze (P. d. D.) 4 II _ 4 G _ 13° _ 15°......... 3288
Julianite, syn. de Tennantite 3289
Julien St _ III _ $1G\frac{1}{}$ _ 16°............ 3290
Julien Chazes St (H.L.) _ II _ $1G\frac{1}{}$ basalte 10°.. 3291
Julien du Gua St (Ardèche) _ II _ $1G\frac{1}{}$ 16°..... 3292
Julien la Nef St (Gard) 547^H 3-8-80 _ Zn, Pb, Ag, etc.. 3293

Julien Peyrolas St (Gard) St Paulet 8112 H 23-11-15 - Lignite ... 3294
Julien Savines St (H.A.) 445 H 18-7-65 - Pb ... 3295
Julien Valgagues St (Gard) 333 H 6-12-54 - Py, Fe ... 3296
Juneaux (P.d.D.) 50 H 6-2-64 - houille ... 3297
Junckérite, carbonate de Fe silicifère ... 3298
Jura (phosph. du) N. jaunâtres 2G 2/2 29-32 % ... 3299
Jura blanc, syn. de lias ... 3300
Jura brun, syn. de dogger (concrét. ferrug) 2G 3/ ... 3301
Jura noir, syn. de malm. (2G 4/4) ... 3302
Jurinite, syn. de Brookite ... 3303
Jurassique ... 2G 2.3.4 ... 3304
Jussey (H. Saône) 380 H 25-12-32 - Fe ... 3305
Juvanien ... 2G 1/4 ... 3306
Juvavique (province) - 2G 1/4 de Hallstadt ... 3307
Juvignac (Hérault) - IV - 3G 3/ - 24° ... 3308
Juvinas (Ardèche) - 2II - 1G 1/ .. 12 à 14° ... 3309

K

Kaersutite, Amphibole titanifère ... 3310
Kaïnite, $H^6KClMgSO^7$ - P.S 2,13 - d2 - Σ^5 ... 3311
Kainosite, silic. hydr. de Y, Ca, Er ... 3312
Kainozoïque, groupe tertiaire ou néozoïque ... 3313
Kalgoorlite, $Hg.Au^2Ag^6Te^6$ ... 3314
Kaliborite, borate hydr de Mg et K ... 3315
Kalicine, carbonate hydr. de K. ... 3316
Kalinite, syn. d'Alun de potasse ... 3317
Kaliophilite, silicate d'AL et K. ... 3318
Kaliphite, mél. de Limonite, oxyde de Mn, silic. de Zn, Ca ... 3319
Kalkcancrinite, Cancrinite riche en Ca. ... 3320
Kalksilikathornfels, R. à silicate de chaux ... 3321
Kalkwavellite, var. calc. de Wavellite ... 3322
Kallilite, sorte d'Ullmannite à Bi ... 3323
Kaluszite, syn. de Syngénite ... 3324
Kamacite, fer météorique ... 3325
Kamarezite, var. hydr. de Brochantite ... 3326
Kames, traînées de cailloux roulés ... 3327
Kämmererite, var. de Clinochlore ... 3328
Kammkies, syn. de Marcassite ... 3329
Kaneelstein, grossulaire brun cannelle ... 3330
Kanéite, Mn As - P.S 5,55 - blanc grisâtre ... 3331
Kaolin, $H^4AL^2Si^2O^9$ - P.S 2,2 - d1 - C^2 - Σ^5 ... 3332
Kaolinite, v. Kaolin ... 3333
Kaoliniques (Sables) .. 3G 3/ (entre l'Eure et la Seine) ... 3334

Kapnicite, var. de Wavellite ... 3335
Kapnikite, alt. de Rhodonite ... 3336
Kapnite, v. Capnite ... 3337
Karamsinite, silicate douteux de Ca, K, Cu ... 3338
Kararfvéite, v. Korarfvéite ... 3339
Karelien ... 1G 2 ... 3340
Karélinite, oxysulfure de Bi ... 3341
Karésas (Const.) Bône, 1438 H 9-11-45 - Fe ... 3342
Karsténite, v. Anhydrite $CaSO^4$ P.S $^{2,89}_{2,98}$ d3 - Σ^3 - C^2 ... 3343
Karyinite, arséniate de Pb, Mn, Ca, Mg ... 3344
Katoforites, Amphiboles sodifères de transition ... 3345
Kauaïte, sulf. basique d'AL, K, Na ... 3346
Kaymar (Aveyron) Pruines 300 H 13-2-28 - Fe ... 3347
Keatingite, var. de Fowlérite ... 3348
Keewatin (Série de) ... 1G 1 ... 3349
Keffekilite, Lithomarge dure ... 3350
Kef-Oum-Théboul (Const.) La Calle 1050 H 24-7-49 - Pb, Py, Cu ... 3351
Kef-Semmah (Const.) Guergour 2632 H 30-1-99 - Zn, Pb ... 3352
Kehoeite, phosph. hydr. d'AL, Zn, Ca ... 3353
Keilhauite, Sphène riche en yttria ... 3354
Kelloway-rock ... 2G 4/1 ... 3355
Kelyphite, var. de Serpentine ... 3356
Kendallite, var. de fer météorique ... 3357
Kenngottite, syn. de Miargyrite ... 3358
Kentrolite, v. Centrolite ... 3359
Kéramite, variété argileuse de Scapolite ... 3360
Kéramohalite, syn. d'Alumogène ... 3361
Kéraphyllite, syn. de Carinthine ... 3362
Kerargyre, v. Cérargyre ... 3363
Kérasine, v. Cerasine ... 3364
Kérat, syn. de Cérargyrite ... 3365
Kératophyre, var. de R. du Fichtelgebirge ... 3366
Kerlouan (Finistère) IV - 2G 1 - 12° ... 3367
Kermès minéral, v. Kermésite ... 3368
Kermésite, $2Sb^2S^3Sb^2O^3$ - Σ^5 - P.S $^{4,5}_{4,6}$ - $d^{1,5}$ - A^2 C^6 ... 3369
Kérosène, syn. de Pétrole ... 3370
Kerrite, silic. hydr. d'AL, Fe, Mg ... 3371
Kersantite, R. granitoïde (mica à Mg et plagioclase ... 3372
Kersanton, v. kersantite ... 3373
Kersténite, sélénite ou Séléniate de Pb ... 3374
Kettle range, zône bouleversée du drift américain 4G 1 ... 3375
Keuper .. 2G 3/ - (marnes, gypses, grès) ... 3376
Keweenawien ... 1G 2 ... 3377
Kieselguhr, syn. de tripoli siliceux ... 3378
Kiesérite H^2MgSO^5 P.S 2,51 - d5 - Σ^5 ... 3379
Kietzoïte, var. d'Apatite ... 3380

Kilbrickénite, $Pb^6Sb^2S^9$ 3381
Killas, schistes dévoniens de Cornouailles . . . 3382
Killinite, alt. de triphane 3383
Kilmacooite, mel. de Galène et de blende . . 3384
Kimberlite, pierre grenue serpentineuse . . . 3385
Kiméridgien . . . . $2G^4_4$ 3386
Kimitotantalite, syn. d'Ixiolite 3387
Kinzigite, Grenat à Mn avec Mica à Mg, oligoc. fibrolite 3388
Kir, terre imbibée de goudron 3389
Kirghisite, syn. de Dioptase 3390
Kitthar (groupe de) . . . . $3G^1_3$ 3391
Kirvanite, amphibole mel. de quartz et d'Epidote . . 3392
Kirschtimite, var. de Parisite 3393
Kjerulfine, var. de Wagnérite 3394
Kjoekkenmöddings, débris culinaires fossiles 3395
Klaprothine $H^2(Mg.Fe.Ca)^3Al^6P^6O^{30}$ – $PS^{3.05}_{3.12}$ – d5 – Σ^6 – A^{42} – C^{18}_{23} . 3396
Klaprothite, klaprotholite var. de Wittichénite 3397
Klaus (Couches de) . . . . $2G^3_1$ 3398
Kleinentite, sili. hydr. de Mg, Al, Fe 3399
Klippe, Klippen, falaises continentales discontinues . . 3400
Klipsteinite, alt. de Rhodonite 3401
Klippenkalk, étage des Klippes . . $2G^4_5$ 3402
Knauffite, syn. de Volborthite 3403
Knebélite, Péridot ferro-manganésien 3404
Knopite, var. de Perowskite 3405
Knotenschiefer, ardoise tachée 3406
Knoxvillite, sulf. de Cr. Fe. Al. 3407
Kobaltbeschlag, Erythrine mel. d'acide arsénieux . 3408
Kobaltglanz, v. Cobaltine 3409
Kobellite, sulfoantimoniure de Pb et Bi 3410
Koboldine, syn. de Linnéite 3411
Kochélite, var. de Fergusonite 3412
Koeflachite, résine fossile 3413
Koechlérite, syn. d'Onofrite 3414
Koelbingite, var. d'Amphibole Σ^6 – V. Aenigmatite . . 3415
Koenite, v. Koenigite 3416
Koenigite, syn. de Brochantite 3417
Kokscharowite, var. d'Edenite 3418
Kolosoukite, var. de Jarosite 3419
Kongourien, ... $1G^6_{1-2}$ 3420
Kongsbergite, var. d'Amalgame 3421
Konigine, syn. de Brochantite 3422
Koninckite, phosph. ferrique hydraté 3423
Könleinite, v. Könlite 3424
Könlite, C^6H^4 – C^2_{15} – Σ^3 – C^{22}_{23} – A^{11}_{12} – var. d'Ozocérite . . 3425
Koodilite, var. de Thomsonite 3426
Koolanie, Couches à combustible – $2G^5_1$ 3427
Koppite, Pyrochlore à Fl. sans Ti ni Th 3428
Korarfveite, phosphate fluoré de Ce 3429
Koréite, syn. d'Agalmatolite 3430
Korite, var. de Palagonite 3431
Kornélite, sulfate ferrique hydraté 3432
Kornérupine, var. de Prismatine 3433
Kornite, var. de Pétrosilex 3434
Korynite, v. Corynite 3435
Kostroma (Assises de) . . . $1G^6_3$ 3436
Kotschubéite, var. de Clinochlore 3437
Köttigite, Arséniate hydr. de Zn – C^6 isom. d'Erythrine 3438
Koutibinite, var. de Retinite 3439
Kouphotite, v. Couphotite 3440
Krablite, var. de feldspath potassique 3441
Kranguet Kef Tout (Tunis) Béja 1006m – 22 – 12.85 Pb. Zn. 3442
Kranzite, résine fossile 3443
Krauzite, syn. de Dufrénite 3444
Kreittonite, v. Creittonite 3445
Kremersite (KCl AmCl)^2 $Fe^2Cl^6_3H^2O$ – Σ^1 – C^6 3446
Krennérite (Au^{10} Ag^3) Te^2 – PS 5.59 – Σ^3 – C^{25} 3447
Krisuvigite, syn. de Brochantite 3448
Kroeberite, Pyrite très magnétique 3449
Krokoit, syn. de Crocoïse 3450
Kröhnkite, sulf. hydr. de Cu, Na 3451
Krugite, var. de Polyhalite 3452
Kryptotile, alt. de Prismatine 3453
Ktypéite, calcite des pisolithes de Carlsbad . . 3454
Kuboit, v. Cuboïte 3455
Kühnite, syn. de Berzéliite 3456
Kupaphrite, syn. de Tirolite 3457
Kupferblau, var. de Chrysocolle 3458
Kupferblende, var. de Tennantite ferrifère . . . 3459
Kupferdiaspore, var. de Lunnite 3460
Kupférite, v. Kupfferite 3461
Kupferkies, syn. de Chalcopyrite 3462
Kupfermanganèse, Lampadite cuprifère . . . 3463
Kupfernickel, v. Nickeline 3464
Kupferschwärse, Lampadite cuprifère 3465
Kupfferrite, Anthophyllite peu ferreuse 3466
Küstelite, argent aurifère 3467
Kylindrite, v. Cylindrite 3468
Kyrosite, var de Marcassite avec As et Cu . . 3469

L

Lassouts (Aveyron) 217^{H} 18-3-47-houille 3359
Lassouts (Aveyron) – II – 2 G $\frac{1}{1}$ – 12° – 3360
Lasurite, Matière colorante hypothétique du Lapis 3361
Lasurapatite, apatite bleue 3362
Latapie (Aveyron) Livinhac, 439^{H} 25-9-22-houille 3363
Latérite, terre rouge cellul. à concrétions ferro-siliceuses 3364
Latialite, syn. d'Haüyne 3365
Latite R. Volcanique, interméd. entre trachites et andésites 3366
Latour (Hérault), 345^{H} 27-3-52 3367
Latrobite, var. d'Anorthite 3368
Laubanite, zéolithe voisine de la Stilbite 3369
Laubies (Lozère) – 2 II – 1 G $\frac{1}{1}$ 3370
Laudun (Gard), 627^{H} 12-11-41- Lignite ... 3371
Laumonite $H^8CaAL^2Si^4O^{16}$ P.S $\frac{2.28}{2.41}$ – $d^{3.5}_{3}$ – A^{45} $C\frac{2}{1}$ 3372
Laumontite, v. Laumonite 3373
Laurdalite, syénite éléolithique à gros grains ... 3374
Laurent St (M. et M.) Einville, 627^{H} 25-11-72 – Sel. 3375
Laurentien ...... 1 G 3376
Laurensaint (Savoie) Presles 177^{H} 18-10-27 – Fe – 3377
Laurent les Bains St (Ardèche) – 2 II – 1 G – 53,5 – 3378
Laurent-Lavernède St (Gard) 950^{H} 27-4-64-Lign. 3379
Laurent-le-Minier St (Gard) 2184^{H} 9-3-75 – Zn. Pb. 3380
Laurs St (Deux-Sèvres) 490^{H} 28-8-40 – houille .. 3381
Laurionite, oxychlorure de Pb. hydraté – A^{25} Σ^3 .. 3382
Laurite, sulfure de Ru. et Os 3383
Laurvickite, Syénite éléolitique pauvre en néphéline 3384
Lausannien ...... 3 G $\frac{3}{1}$ 3385
Lautaret (H.A.) Monêtier, 1670^{H} 24-10-36 – Cu, Pb, Ag. 3386
Lautarite, iodate de Ca 3387
Lautite, arsenio-sulfure d'Ag et Cu 3388
Lavardens (Gers) – IV – 2 $G^{5.6}$ – dolomie – 19° .. 3389
Lavat-Utger (Lozère) – IV – 1 G – 14° 16° 3390
Lavaux (M. et M.) Laxou – 370^{H} 21-4-80 – Fe ... 3391
Lavendulane, arséniate de Cu. et Co 3392
Lavendulite, v. Lavendulane 3393
Laveissière (Cantal), 1007 – 4-7-85 – Lignite. 3394
Lavernhe, (Aveyron) Cransac, 344^{H} 28-2-31 – houil. 3395
Laves (Calcaires), dalles du bathonien supérieur. 3396
Laves volcaniques, Roche scorifiée par les volcans 3397
Lavezstein, pierre ollaire 3398
Laxalde (B.P.) Briscous, 44^{H} 9-11-44 – Sel .. 3399
Laxou (M. et M.) 266^{H} 31-8-67 – Fe 3400
Lay (Loire). St Symphorien 460^{H} 7-6-1788 – Anthr. 3401
Lay St Christophe (M. et M.) 223^{H} 21-12-67 – Fe ... 3402
Layon-Loire (M. et M.) St Aubin 1950^{H} 25 prairial XIII. Anthr. 3403
Lazulite, v. Klaprothine 3404
Lazurite, syn. de Lapis-Lazuli et de Klaprothine ... 3405
Lawrencite, protochlorure de fer 3406
Lawroffite. Lawrowite, diopside vanadifère ... 3407
Lawsonite. Carpholite à Ca 3408
Laxmannite $(PbCu)^3P^2Cr^2O^{17}$ P.S 5,77 – d 3 – Σ^5 – C^{17} .. 3409
Léadhillite $Pb^4C^3SO^{13}$ – Σ^3 – P.S $\frac{6.27}{6.43}$ – d 2.5 – A^{43}_{45} – $C^{2.22}_{16.15}$ 3410
Leberkies, Marcassite compacte, terne 3411
Lecontite, sulf. hydr. de K, Na, Am 3412
Ledererite, var. de Gmélinite 3413
Lédérite, var. de Sphène 3414
Lédien .... 3 G $\frac{1}{5}$ 3415
Leedsite, comb. d'Anhydrite et Barytine ... 3416
Leelite, var. de Pétrosilex 3417
Leger du Bois St (S. et L.). 515^{H} 14-2-46 – Bitume. 3418
Lehm, terre à brique 3419
Lehmanite, syn. de Zoïsite 3420
Lehmannite, syn. de Crocoïse 3421
Lehrbachite, séléniure de Pb et Hg 3422
Lehuntite, var. de Mésotype 3423
Leidyite, silic. hydr. d'AL, Fe, Ca, Mg 3424
Leirochroïte, syn. de Tyrolite 3425
Lelex (Ain) 92.82 – 19-9-74 – Calc. bitum. 3426
Lemanite, v. Lehmanite 3427
Lempret – (Cantal) Champagnac, 734^{H} 5-8-36 – houil. 3428
Lennilite, var. verte d'Orthose 3429
Lens (P.d.C.) 6239^{H} 15-1-53 – houille ... 3430
Lentillière (Savoie) Fourneaux 108, 24-8-12-71. Anthr. 3431
Lentulite, syn. de Liroconite 3432
Lenzinite, var. d'Halloysite de la (H. Vienne) .. 3433
Léonhardite, var. de Laumontite 3434
Léonite, Astrakanite potassique 3435
Léopardite, var. d'Amazonite 3436
Léopoldite, syn. de Sylvine 3437
Lévuwé, v. Cérisier. (A.M.) 3438
Lépidochlore, var. de Ripidolite 3439
Lépidocrocite, var. de Goethite écailleuse ou fibreuse. 3440
Lépidolite 50 à SiO^2_{58} AL^2O^3 11 K^2O 5 Li^2O, 1 H^2O 8 Fl. (Mica) P.S $\frac{2.84}{2.89}$ – 3441
Lépidolite, suite – $d\frac{2.5}{4}$ – $C\frac{5.21}{9.15}$ 3442
Lépidomélane, (Mica noir) 38 SiO^2 11 AL^2O^3, 1-13 Fe^2O^3 – 3443
Lépidomélane, suite, – 5-11 K^2O – 10-30 MgO – P.S 3 – d 3. magnét. 3444
Lépidomorphite, syn. de Muscovite 3445
Lépidophaeite, var. de Wad 3446
Lépolite, var. d'Anorthite 3447
Leptite, R. eurétique ou pétrosiliceuse de l'halleflinta 3448
Leptoclase, Cassures sans rejet de faible amplitude .. 3449
Leptochlorites, chlorites écailleuses, v. égal. 1294 et 699. 3450

Leptonématite, var. de Braunite 3451
Leptynite, granulite stratiforme 3452
Leptynolite, granulite phylladique, maclifère, métam 3453
Lerbachite, séléniure de Pb, Ag 3454
Lercoul (Ariège) Siguer 514H 31-5-33 - Fe 3455
Lernilite, var. de Vermiculite 3456
Leschieux (H. Savoie) St Gervais 339H 28-6-57 Pb. Ag . . . 3457
Lescourre (Landes) (Dax 295H 8-1-76 - Sel 3458
Lescun (B.P.) - III - 1 G5 - 8°.5 3459
Lescure (Aveyron) Lapanouse, 112H 6-5-39 - Lignite . 3460
Lesleyite, mél. de Corindon et Damourite 3461
Lesquerde (P.O.) - I - 1 G granite 3462
Lestiwarite, ortophyre sans néphéline ni quartz . 3463
Lettsomite, sulfate de Cu et d'Alumine, Σ^3 - A^9_{46} - C^{20}_{79} . 3464
Leu St (Oran) - I - 3 G4 30° 3465
Leucanterite, alt. de Copporasine 3466
Leucaugite, esp. de Pyroxène 3467
Leuchtenbergite, var. de Clinochlore 3468
Leucite $K^2AL^2Si^4O^{12}$ - PS $^{2.45}_{2.5}$ - d $^{5.5}_{6}$ Σ^1 - $A^{53}_{42,43}$ $C^{72.4}_{82}$ 3469
Leucit-Basalt, R. basalt à leucite 3470
Leucitophyre, lave basique à sanidine 3471
Leucochalcite, arséniate hydr. de Cu 3472
Leucocyclite, var. d'Apophyllite 3473
Leucolite, syn. de Dipyre 3474
Leucomanganite, syn. de Fairfieldite 3475
Leucopétrite, résine fossile 3476
Leucophane, $Na^2(G L, Ca, Mg)^5 Si^5 O^{12} Fl^2$ PS 2.96 - d $^{3.5}_{4}$ - Σ^5 C^{43}_{4} 3477
Leucophyllite, var. de Muscovite 3478
Leucophyre, diabase claire à grain fin sans hornblende . 3479
Leucopyrite Fe^2As^3 ou Fe^3As^4, caractères de la Löllingite . 3480
Leucotile, silic. hydr. de Mg, AL, Fe 3481
Leucotephrite, lave moderne, sans sanidine . . . 3482
Leucoxène, v. Ilménite - C^{22}_{13} et v. Sphène 3483
Leukargyrite, syn. de Panabase à Ag 3484
Levade-Trouche (Gard) Grand Combe 948H 12-11-09 - houil. Fe 3485
Lewisien 1 G7 3486
Leverriérite, variété colorée de kaolin . . . 3487
Léviglianite, sulfoséléniure de Hg, Zn, Fe . . 3488
Levyne $H^4Ca, Na^2, K^2 AL^2 Si^3 O^{15}$ PS $^{2.1}_{2.2}$ - d4 - Σ^4 - $C^{2.1}$ 3489
Lewisite, titano-antimoniate de Ca, Fe 3490
Lexy (M. et M.) Rehon 469H 21-12-67 - Fe 3491
Leyr (M. et M.) Bealte 492H 24-7-99 - Fe 3492
Lhermie (Aveyron) St Santin 54H 21-8-1901 - houille 3493
Lherzolite, Péridotite, à olivine, diallage, bronzite . . 3494
Liais, pierre supérieure du "banc vert" 3495
Lias, série supérieure à l'"infra lias" 3496

Lias blanc syn. d'infra lias 2 G $^2_2$ 3497
Lias bleu . . . . 2 G $^2_3$ 3498
Liasien . . . . 2 G $^2_4$ 3499
Liasique série . . . . . . 2 G $^2_{1,2,3,4,5}$ . . . 3500
Libelles, bulle gazeuse des inclusions liquides . . . 3501
Libéthénite $H^2Cu^4P^2O^{10}$ - PS $^{3.6}_{3.8}$ - d4 - Σ^3 - A^{16} C^{18}_{16} . . . 3502
Liburnien . . . . . . 2 G $^6_6$ 3503
Libyen . . . . 3 G $^1_1$ 3504
Licoulne (la) (H.L.) Ally, 1540H 19-11-17 - Antimoine 3505
Licq (B.P.) . . . IV - 2 G $^{3-4}$ 12 3506
Liebénérite, var. de Néphéline, PS $^{2.79}_{2.81}$ - d3.5 - Σ^4 - C^{90}_{16} 3507
Liebénérite, (Orthophyre à) porphyre à Liebénérite . 3508
Liebigite, carbonate hydr. d'U, Ca 3509
Liège de Montagne, v. Amiante 3510
Liévin (P.d.C.) 4145H 15-9-62 - houille 3511
Lievrite, var. d'Ilvaïte 3512
Ligardes (Gers) - IV - 3 G $^3_7$ - 15° 3514
Ligérien . . . . . . 2 G $^6_2$ 3515
Lignite, houille imparfaite, PS $^1_{35}$ - d1 à 2 - 55 à 77% de C . 3516
Lignitic-group, 2 G $^6_5$ - des Montagnes Rocheuses . . 3517
Ligurien . . . . . . 3 G $^1_6$ 3518
Ligurite, Sphène à grands crist. - C^{15}_{8} 3519
Lilalite, syn. de Lépidolite 3520
Lillhammérite, syn. de Pentlandite 3521
Lillianite, $Pb^3Bi^2S^6$ 3522
Lillite, var. d'Hisingérite 3523
Limbachite, var. de Cérolite 3524
Limbilite, alt. de Péridot 3525
Limburgite, basalte sans feldspath 3526
Limnite, var. phosphor. et humifère de Limonite . 3527
Limon, mélange de quartz, argile et hydroxyde de fer 3528
Limonite $H^6Fe^4O^9$ PS $^4_{3,6}$ - d $^{4.5}_{5}$ - C^{24} 3529
Limon des Cavernes . . . . 4 G 1 3530
Limon des Plateaux . . . . 4 G 1 3531
Linarite, $H^2(Pb, Cu)^2 SO^5$ - Σ^5 - C^{19} 3532
Lincolnite, var. de Heulandite 3533
Lindackérite, arsen. sulfa. hydr. de Cu, Ni, Fe . 3534
Lindésite, syn. d'Urbanite 3535
Lindsayite, Lindseite, var. alt. d'Anorthite . 3536
Linguizetta (Corse) 672H 19-9-55 - Cu . . . 3537
Linières-Gigotières (Mayenne) Ballée 884H 12-4-47 - Anth 3538
Linnæite, v. Linnéite 3539
Linnéite (Co, Ni)$^5S^4$ PS $^{4.8}_{5}$ - d5.5 - Pn - Σ^1 $C^{25.27}_{28}$. 3540
Linseite, v. Lindsayite 3541
Lintonite, var. de Thomsonite 3542
Lionite, var. siliceuse de tellure 3543

Liparite, var. de Talc 3544
Liparites, rhyolites, R. felsitiques ou trachytiques . 3545
Liparoloïdienne, R. vitreuses cristallitiques 3546
Liparoperlite ou perlite, R. perlitique vitreuse . . . 3547
Liparophyre, R. trachytique porphyroïde . . 3548
Liparoponce, R. cristal. vitreuse 3549
Liparorétinite, R. perlitique vitreuse 3550
Liquette (B. d. R.) Auriol 103^{H} 1-10-33 Lignite . . 3551
Liquisses (Aveyron) Nant 750.38-8-2-86 houille . . 3552
Lirocomalachite, v. Liroconite 3553
Liroconite, Arséniate alumifère de Cu, $P.S_{2,9}^{2,8}$ - $d_{2}^{2,5}$ - Σ^{5} C_{19}^{16} 3554
Liskeardite, var. Arsenicale d'Evansite 3555
Litchfieldite, Syenite renferm. 50% d'Albite 3556
Litharge syn. de Massicot 3557
Lithidionite, carbonate de K. Na, quartzeuse . 3558
Lithionite, v. Zinnwaldite 3559
Lithiophilite, v. de Triphyline manganésifère . . 3560
Lithiophorite, v. de Psilomélane lithinifère . . 3561
Lithiophyllite, v. Lithiophilite 3562
Lithite, syn. de Petalite 3563
Lithoclases, (term. gén.) cassures de l'Ecorce . . . 3564
Lithographique (Calcaire) P. à ciment à grain fin A^{53} 3565
Lithoïdite, Liparophyres semblables à la porcelaine . . 3566
Lithophages, anim. perfor. des roches 3567
Lithophyses, cavités sphéroïdales des rhyolites . . . 3568
Lithomarge, var. d'Halloysite 3569
Lithoxyle, bois silicifié 3570
Liverdun (M. et M.) 421^{H} 17-3-60 - Fe 3571
Livingstonite, sulfoantimoniure de Hg. 3572
Livry (S. et Oise), 3 I - III - 4 G - 14° - 17° 3573
Lotrite, var. magnésienne d'Idocrase 3574
Loganite, var. de Clinochlore ou de Pennine . . . 3575
Löllingite, $FeAs^{2}$ - $P.S_{8,7}^{6,2}$ - $d_{5}^{5,5}$ - Σ^{3} - A^{57} C_{28}^{25} 3574
Lomonite, v. Laumontite 3575
Lonchidite, mél. de Marcassite et de Mispickel . . . 3576
Lon St (Landes) 361^{H} 10-4-31 - Lignite 3577
Londe (Var) Hyères 4806^{H} 13-5-91 - Pb, Zn, Cu, Ant. 3578
Longbanite, v. Langbanite 3579
Lodévien . . . . . . 1 G $\frac{6}{6}$ 3580
Loess, limon calcarifère 3581
Londinien . . . . . . 3 G $\frac{1}{3}$ 3582
Longefay (Rhône) Poule, 300^{H} 17-8-25 - Pb, Ag . . . 3583
Longeray (Savoie) Bonvillard, 182^{H} 4-6-57 - Pb, Ag . . 3585
Longlaville (M. et M.) Saulnes, 261^{H} 25-6-73 - Fe . . . 3586
Longmyndien . . . . 1 G^{2} 3587
Longny (Orne) - 2 III - 4 G - 10° 3588
Longobardien . . . . . 2 G $\frac{1}{3}$ 3589
Longpendu (S. et Loire) Torcy, 710^{H} 6-10-32 - houille . . 3590
Longulgite, v. Longulites 3591
Longulites, micro-cristallites celluleuses de R. . . 3592
Lons-le-Saulnier (Jura) - IV - 2 G^{1} 18° 3593
Lophoïte, syn. de Ripidolite 3594
Lorandite, sulfoarséniure de Thallium 3595
Losari (Corse) Belgodère, 882^{H} 15-4-99 - mispickel . . 3596
Lossenite, arséniosulfate hydr. de Fe, Pb. 3597
Lot (phosph. du) R. N. F. blanc violacé, 2 G$^{2-4}$ 20-21% . . 3598
Lotalite, var. d'Hedenbergite 3599
Lot et Garonne, N. N. F. blanc viol. 2 G$^{2-4}$ 20-21% (Ph.) 3600
Loudenvielle (H. P.) - I - 1 G^{3} 24% 3601
Loudervielle (H. P.), 1097^{H} 17-5-99 - Mn 3602
Louisite, silic. hydr. de K. Na, Ca, Al, Mg, Fe 3603
Louvie (B. P.) - 2 IV - 2 G$^{5-6}$ 9° - 10° 3604
Lovanite, v. Lovénite 3605
Lövite, v. Löweïte 3606
Lovénite, silic. zirc. hydr. de Fe, Mn, Ca, Na 3607
Löweïte, $H^{10}Na^{4}Mg^{2}S^{4}O^{21}$ Σ^{2} $P.S_{2,37}$ - $d_{3}^{2,3}$ $C\frac{1}{2}$ 3608
Löwigite, var. d'Alunite 3609
Loxoclase, Orthose injecté d'Albite 3610
Lubière (H. L.) Vergonghéon, 532^{H} 30-4-86 - houille . 3611
Lubilhac (H. L.) 810^{H} 25-8-36 - Antim. 3612
Luc (Var) . . . 3 IV - 3 G^{4} 14° - 17° 3613
Lucasite, syn. de Vermiculite 3614
Lucotte (Mayenne) Genest, 841^{H} 1-4-99 - Antim. etc. . 3615
Luchon (v. Bagnères de Luchon 3616
Luckite, Mélantérie manganésifère 3617
Lucullane, Lucullite syn. d'Anthraconite 3618
Ludien . . . . . 3 G $\frac{1}{6}$ 3619
Ludlamite, phosph. hydr. de Fe 3620
Ludres (M. et M.), 416^{H} 20-9-73 - Fe 3621
Ludwigite, borate de Fe, Mg 3622
Lumachelle, marbre comp. de coquilles d'ostracées . . 3623
Lunas (Hér.) 1442^{H} 12-1-1830 - Cu 3624
Lünebergite, phosph. hydr. de Mg 3625
Lunnite, $H^{6}Cu^{6}P^{2}O^{14}$ $P.S_{4}^{4,4}$ $d_{8}^{4,5}$ Σ^{5} A_{42}^{16} - C_{18}^{17} . . . 3626
Lurbe (B. P.) - I - 4 IV - 2 G^{6} 13° - 27° 3627
Luri-Castello (Corse) 652^{H} 16-7-63 - Antim. . . . 3628
Lusitanien . . . . . 2 G $\frac{4}{2}$ 3629
Lussat (P. d. D.) 134^{H} 25-9-43 - Bitume 3630
Lussatite, calcédoine guttulaire fibreuse P.S 2,04 . . 3631
Lustrés (grès) quartzeux à cassure luisante . . . 3632
Lustrés (Schistes), schistes triasiques 3633
Lutécine, quartzine fibreuse 3634

Lutécite, silice bianc en orbicules aplatis 3635
Lutetien . . . . . . $3G\frac{1}{4}$ 3636
Luxeuil (H. Saône) 2 III – 10 IV – $2G\frac{1}{}$ 24° – 53° . . 3637
Luxullianite, granite à tourmaline violette . . . 3638
Luzer (Cantal) St Mary, 90ᴴ 25 – 8 – 61 – Antim . . 3639
Luz St Sauveur (H.P.), 2 I – $1G\frac{6}{}$ 21° – 35°, 2 3640
Luzonite, var. de Clarite 3641
Lyatel (Isère) Theys, 185ᴴ 12 – 3 – 56 – Fe 3642
Lychnus (Calcaires à) . . . $2G\frac{6}{4}$ 3643
Lydien (quartz), Lydite, jaspe noir (p. de touche) . . 3644
Lyellite, syn. de Devilline 3645
Lythrodes, var. alt. d'Eléolite 3646

M

Maares, entonnoirs ou cratères naturels 3647
Maccalube, volcan gazeux 3648
Macfarlanite, arséniure d'Ag, Co, Ni 3649
Macholles (P.d.D.) Riom 121ᴴ 4 – 9 – 63 – Bitume . . . 3650
Macigno, grès argilo calcaire 3651
Mackinstochite, var. de Thorogummite 3652
Macle, (Chiastolite), var. d'Andalousite noirâtre . 3653
Macline, schistes maclifères 3654
Maclifères, (schistes) à Chiastolite (Andalousite . 3655
Maclureite, syn. d'Augite 3656
Maconite, chlorite altérée 3657
Macroscopique, pouvant être examiné à l'œil nu . 3658
Madeleine (M. et M.) St Nicolas 605ᴴ 6 – 12 – 81 – Sel . . 3659
Madic (Cantal) 766ᴴ 20 – 7 – 41 – houille 3660
Madriat (P.d.D.) 1433ᴴ 16 – 6 – 76 – alun 3661
Maëstrichtien . . . . . . $2G\frac{6}{4}$ 3662
Magdalien . . . . . . $4G\frac{}{1}$ 3663
Magdeleine (Var) Fréjus 833ᴴ 29 – 3 – 65 – houill. schist. bitu 3664
Mages (Gard) 2794ᴴ 22 – 1 – 70 – houille 3665
Magma éruptif, substance orgin. des R. primitiv. fluide ou pâteuse 3666
Magnac (Cantal) Sarrus, 656ᴴ 30 – 9 – 93 – Pb, Zn, Ag, etc. . 3667
Magnéferrite $MgFe^2O^4$ P.S $^{4,54}_{4,66}$ – d $^{6,5}_{6}$ – pet. octaèdres noirs 3668
Magnésie Boratée, syn de Boracite 3669
Magnésie carbonatée, syn. de Giobertite 3670
Magnésioferrite, voy. Magnéferrite 3671
Magnésian, Limestone, calcaire magnésien du $1G\frac{6}{5}$ . . 3672
Magnésite A, v. Giobertite 3673
Magnésite B, $H^8Mg^2Si^3O^{12}$ P.S $^{1,2}_{1,6}$ – d 2,5 – $C\frac{2}{3}$ . . . 3674

Magnet, syn. de Magnétite 3675
Magnétite, Fe^3O^4 P.S $^{4,9}_{5,2}$ – d $^{5,5}_{6,5}$ – $\Sigma\frac{1}{}$ $C\frac{80}{}$ $P_{1\frac{1}{2}}$ 3676
Magnétopyrite, syn. de Pyrrhotine 3677
Magnétostibiane, antimoniate de Mn, Fe . . . 3678
Magnieu (Côte d'or) – IV – $2G\frac{9}{}$ 10° 3679
Magnochromite, var. de Chromite Magnésienne . 3680
Magnoferrite, v. Magnéferrite 3681
Magnofranklinite, franklinite très magnétique . 3682
Magnolite, tellurate de Hg (Coloradoite altérée) 3683
Mailhac (Aude), 569ᴴ 30 – 4 – 28 – Lignite 3684
Maillot (Isère) Auris 101ᴴ 30 – 12 – 51 – Anthr. . 3685
Maine (Sables du) . . . . . . $1G\frac{3}{1}$ 3686
Mairy (M. et M.) Landres, 1092ᴴ 31 – 3 – 99 – Fe . . 3687
Maixe (M. et M.) 568ᴴ 12 – 2 – 81 – Sel 3688
Majeuil (Isère) 540ᴴ 2 – 5 – 1900 – Anthr. 3689
Majolica, calc. blanc rougeâtre (biancone) des Alp. Lomb. 3690
Makite, var. de Thénardite 3691
Malachite, $H^2Cu^2CO^5$ P.S $^{3,7}_{4,1}$ – d $^{3,5}_{4}$ – $\Sigma\frac{5}{}$ A^{53}_{42} – $C^{16,17}_{18}$. 3692
Malacolite, Ca(Fe, Mg) Si^2O^6 P.S 3,3 – d $\frac{5}{6}$ – $C^{3,16}_{19}$ . . 3693
Malacombe, v. La Salle 3694
Malacon, zircon hydraté – P.S $^{3,9}_{4}$ – d 6 3695
Malais (arc) subdivision de la chaîne de Indes . . 3696
Malange (Jura), 318ᴴ 7 – 9 – 64 – Fe 3697
Malataverne (Gard) Cendras 798ᴴ 4 – 3 – 1783 – houill. 3698
Malavillers (M. et M.) 732ᴴ 20 – 3 – 1900 – Fe 3699
Malbosc (Ardèche) – 10 – 1 – 1816 – Antimoine . . . 3700
Maldonite, or bismuthifère 3701
Malgovert (Savoie) Bourg St Maurice, 56ᴴ 12 – 1 – 99 – Anthr. 3702
Malignite, Eeschinite d'Amérique 3703
Malines (Gard) Montardier, 394ᴴ 26 – 6 – 85 – Zn, Pb, Ag 3704
Malinofskite, Panabase plombifère 3705
Malintrat (P.d.C.) 427 – 25 – 9 – 43 Bitume 3706
Mallardite, silicate hydr. de Mn 3708
Malleloy (M. et M.) 793ᴴ 19 – 11 – 85 – F. 3709
Malm, syn. de Jura blanc (supra Jurassique . 3710
Malons (Gard) 1536ᴴ 2 – 7 – 72 – Pb, Ag 3711
Maltesite, var. d'Andalousite 3712
Malthacite, var. de Sincitite de Saxe 3713
Malthe, Bitume glutineux (composition du pétrole) 3714
Malvernien, syn. d'Archéen 3715
Malzeville (M. et M.) Pixérécourt 282ᴴ 29 – 4 – 72 – Fe. . 3716
Mamanite, var. de Polyhalite 3717
Mance (M. et M.) 805ᴴ 31 – 3 – 97 – Fe 3718
Mancinite, var. de Willemite 3719
Mandagout (Gard) 1294ᴴ 14 – 1 – 30 Fe 3720
Manganamphibole, syn. de Rhodonite . . 3721

Manganapatite, Apatite à Mn 3722
Manganèse carbonaté, syn. de Dialogite 3723
Manganèse oxydé barytifère, v. Psilomélane 3724
Manganite, v. Acerdèse 3725
Manganocalcite, Dialogite calcifère et ferr 3726
Manganolite, syn. de Rhodonite 3727
Manganomagnétite, syn. de Jacobsite 3728
Manganopectolite, pectolite à Mn 3729
Manganophyllite, var. de Biotite à Mn 3730
Manganosiderite, var. de Dialogite 3731
Manganosite, MnO, Σ^1 3732
Manganostibite, var. d'Hématostibite 3733
Manganotantalite, tantaloniobate de Mn, Fe 3734
Manganschaum, Ecume manganèse (Wad) 3735
Manganzinkspath, smithsonite manganésifère 3736
Manosque, v. Bourne, Crouspatrassière, St Martin 3737
Marais (Allier) Chamblet, 297H 11-3-42. houille 3738
Marais de Mure (Isère) 549H 13-6-94 - Anthr. 3739
Maranite, syn. de Chiastolite 3740
Marasmolite, alt de Blende 3741
Marbache (M. et M.) 588H 16-1-56 Fe 3742
Marbres, calcite plus ou moins pure. polissable 3743
Marbre blanc, calc. saccharoïde à grain fin. A 44 3744
Marbre bleu, nuancé de bleu pr des produits charbon. 3745
Marbre brèche, conglom. de calc. anguleuse 3746
Marbre id antique, fond violet noirâtre à taches jaunes 3748
Marbre id. petit anti. le même mais form. de pet. élém. 3749
Marbre id. d'Alep. fragments rouges, ciment gris. 3750
Marbre id. Brocatelle, marbre brèche à petits éléments 3751
Marbre campan, m. compo. coquillier, vert. sur belle. 3752
Marbre cipolin, marbre composé micacé 3753
Marbre gris, marbre à infiltrations charbonneuses 3754
Marbre jaune, marbre très rare, general. nuancé 3755
Marbre lumachelle, débris de coquilles cristall. aggl. 3756
Marbre noir, calc. sau. à taches blanches sur fond noir 3757
Marbre portor, m. jaune à fond noir et veines jaunes 3758
Marbre rouge (griotte) rouge vif, brun et panaché 3759
Marbre turquin, m. rouge du Languedoc 3760
Marbre turquin bleu, m. bleu grisâtre de Toscane 3761
Marbre vert, marbre de Campan et [illegible] 3762
Marbre à minéraux, Calc. métamorphisés 3763
Marcasite, marcassite FeS^2 - $PS^{4,6}_{4,8}$ - $d^{6,5}_{6}$ Σ^3 - $C^{26.28}_{\text{verdâtre}}$ 3764
Marcel de Careiret St (Gard) 348H 1-12-51 - Lignite 3765
Marceline, Braunite, à 10% Fe^2O^3 et 10% SiO^2 3766
Marcellus (Schiste de) du dévonien supérieur américain 3767
Marcols (Ardèche) - 4 II - granulite - 9,5 - 10°,5 3768

Marcylite, var. d'Atacamite 3769
Marekanite, var. de pétrosilex (obsidienne) 3770
Margarite, v. de Clintonite $H^2CaAl^4Si^2O^{12}$ - $PS^{3,09}_{3,1}$ - $d^{3,5}_{4,5}$ - C^1_{22} - Σ^6 3771
Margarites, micas hydratés 3772
Margarodite talc chloriteux durci du Tyrol (mica muscovite) 3773
Margenne (S. et L.) Autun, 243H 6-2-77 - Sch. bitum. 3774
Marialite, $Na^4Al^3Si^9O^{24}Cl$, var. de Wernérite 3775
Marie Chanois (M. et M.) Maron, 212H 14-6-82 - Fe 3776
Marie Fouilly Ste (H. Sav.) Houches, 952H 12-3-75 - Cu, Pb, Ag. 3777
Marionite, syn. de Zinconise 3778
Mariposa (Couches de), formations séquaniennes d'Amérique 3779
Mariposite, silic. d'Al, Cr, K, Ca, Mg, (v. Fuschite) 3780
Marles (P. d. C.) Auchel 2990H 29-12-1855 - houille 3781
Marly (Nord), 3313H 18-12-36 - houille 3782
Marmairolite, var. d'Enstatite avec alcalis 3783
Marmaissat (H. L.) Corsiac, 445H 7-4-87 - Antim. 3784
Marmatite, v. de Blende ferrugineuse 3788
Marmolite, var. de Bastite 3789
Marne, argile contenant de 15 à 50% de Calcaire 3790
Marne (pl. de la) - 2 G $\frac{5}{4}$ - 2 G $\frac{6}{1}$ 3791
Marnes, calcaires mélangés d'argile 3792
Marne du gypse, Vertes - 3 G $\frac{2}{1}$ 3793
Marnes irisées, v. Keuper 3794
Marnes vertes, syn. de marnes du gypse 3795
Marnia (Oran) - 3 IV - 3 G $\frac{3}{}$ - 33° 48° 3796
Maron-Nord (M. et M.) 246 - 2-9-74 - Fe 3797
Marsages (H. L.) Langeac 745H 22-9-31 houille 3798
Marsannay (Côte d'Or) 451H 13-4-78 - Fe 3799
Marseille (B. d. R.) - I - 3 G $\frac{3}{}$ IV - 2 G $\frac{5}{}$ 16° - 21° 3800
Marshite, iodure natif de Cu 3801
Martigues (B. d. R.), 610H 26-12-14 - Lignite 3802
Martigné-Briand (M. et L.) - III - 1 G $\frac{1,5}{}$ 10° 3803
Martigny (Vosges) - IV - 2 G $\frac{1}{2}$ - II 3804
Martin-Castillon St (Vaucluse) 933H 20-12-35 - Lignite 3805
Martin-les-Eaux St (B. A.) - 3 I - 3 G $\frac{3}{}$ 8° - 15° 3806
Martin Fugères St (H. L.) - III - 1 G $\frac{1}{}$ 16° 3807
Martin Queyrières St (H. A.) 536H 16-12-34 - Anthr. 3808
Martin le Redon (Lot) - II - calc. oolith. 12° 3809
Martin Renacas St (B. A.), 873H 5-6-90 - Soufre 3810
Martin la Sauveté St (Loire) Grézolles, 11300H 9-1-1717 Pb. 3811
Martin de Valgalgues St (Gard), 1015H 25-5-1900 - houille 3812
Martin de Valamas St (Ardèche) - II - 1 G $\frac{1-4}{}$ 10°, 2 3813
Martin Valmeroux St (Cantal) - II - 1 G $\frac{1}{}$ 11° 3814
Martin Vésubie St (A. M.) - I - 1 G $\frac{1}{}$ 24° 3815
Martinet de Gagnières (Gard) Castillon 262H 28-8-32 - houille 3816
Martinet de Villeneuve (Gard) St Paul, 96H 11-7-33 - Antim. 3817

Martinié (Tarn) Miolles, 341^m 8-2-56- alun, sulf. de fer 3818
Martinite, phosphate hydr. de Ca 3819
Martinsart (Grès de) 2G $\frac{2}{1}$ 3820
Martinsite, mél. de Sel gemme et Kiesérite 3821
Martite Fe^2O^3 Σ^1 - P.S $\frac{4,8}{5,2}$ - d $\frac{7}{6}$ - C $\frac{30}{29}$ 3822
Martourite, var. de Berthiérite 3823
Martoret (Loire) Rive de Gier, 48^m 12-5-25- houille 3824
Martres de Veyre (P.d.D.) 3 II - 4G - 15° 23° 3825
Marylandien 3G $\frac{3}{1}$ 3826
Marzelle (Vendée) Ste Cécile, 2685^H 2-2-78- houille 3827
Mascagnine, sulfate d'Ammoniaque 3828
Mascara (Oran) IV - 2G $\frac{5}{3}$ - 44° 65° 3829
Mas de Carrière (Gard) Pougnadoresse, 129^H 27-6-49- Lign. 3830
Mas des Combes (Isère) Mont de Lans, 28^H 27-12-44- Anthr. 3831
Mas Dieu, v. Grand Combe 3832
Maskelyne, syn. de Langite 3833
Maskelynite, silicate météor. d'Al, Ca, Alcalis etc. 3834
Masnaguine (Aveyr.) Cassagnoles, 309^H 19-2-38- Fe. 3835
Mas-Rau (Aveyron) Millau, 190^H 18-5-50- Lignite 3836
Masonite, (Chloritoïde), P.S 3,53 - d 6,5 - A $\frac{12}{11}$ - C $\frac{16}{18}$ 3837
Masrite, alun fibreux 3838
Massepas-Solan (Gard) Bastide, 333^H 27-6-49- Lign. 3839
Massicot. PbO - P.S 8 - d 2 - C $\frac{14,6}{15,8}$ 3840
Matagne (Schistes de), noirs, durs, pyriteux, quelq. rouges - 1G $\frac{4}{5}$ 3841
Matildite, sulfure d'Ag. et Bi 3842
Matlockite, Pb^2OCl^2 - P.S 7,21 - d $\frac{2,5}{3}$ Σ^2 C $\frac{12}{15}$ 3843
Matricite, silic. hydr. de Mg. 3844
Maudunien 3G $\frac{1}{1}$ 3845
Maulite, var. de Labrador 3846
Mauléon-Licharre (B.P.) - I - 2G 6 14, 8 3847
Mauléonite, syn. de Chlorite de Mauléon 3848
Maurice S^t (H.A.), 2000^H 31-8-60- Pb, Cu, etc. 3849
Maurice S^t (P.d.D.) - 6 II - 1G 1 14° 25° 3850
Mauvaises Terres (district des Montagnes Rocheuses) 3851
Mauzeliite, titanantimoniate de Pb, Ca, Na, avec Fl. 3852
Maxite, var. de Leadhillite Σ^5 3853
May (Calvados) 376^H 5-3-95- Fe 3854
Mayence (bassin de) 3G $\frac{2}{2-3}$ 3855
Mayres (Ardèche), 3013^H 21-7-91- Pb, Ag. 3856
Mayres (Ardèche), 2 II - 1G 1 7° 13° 3857
Mays (Isère), Mont-Law 2368 - 11-9-41 - Anthr. 3858
Mazel (Aveyron) Cransac, 283^H 24-5-59 - houille 3859
Mazapilite, arséniate hydr. de Fe, Ca, Σ^3 3860
Mazenay (oolithe de) minerai de fer Vanadieux de 2G $\frac{2}{2}$ 3861
Mazenay (Saône et L.) St Sernin, 1091^H 5-1-53- Fe 3862
Mazis (Oran) Marnia, 1110^H 23-7-75 - Pb, Zn 3863

Mazuras (Creuse) Bourganeuf, 373^H 4-3-39- houille 3864
Maxéville (M. et M.) Nancy, 295^H 17-8-64- Fe 3865
Mecklembourgien 4G 1 3866
Médiojurassique 2G $\frac{3}{1-2}$ 3867
Médioliasique (grès), 2G $\frac{2}{4}$ 3868
Méditerranéen 3G $\frac{3}{1}$ 3869
Medjidite, sulfate hydr. d'U et Ca 3870
Médoc (Cailloux du), quartz hyalin amorphe très pur 3871
Meerschaluminite, var. de Pholérite 3872
Mégabasite, var. ferreuse de Hubnérite 3873
Mégabromite, chlorobromure d'Ag, riche en brome 3874
Mégecoste (H.L.) Ste Florine, 54^H 13-6-27- houille 3875
Mehlzeolith, syn. de Mésotype et de Mésolite 3876
Méionite, $Ca^4(Al^2)^3Si^6O^{25}$ P.S $\frac{2,73}{2,74}$ - d 6 - A 42 Σ^2 C $\frac{7}{22}$ 3877
Méionite d'Arfvedson, var. de Leucite 3878
Meisseix (P.d.D.), 51^H 6-10-32 - Antimoine 3879
Méjanel (Aveyron) Cransac, 283^H 24-5-59 - houille 3880
Mélaconise CuO ou Cu^2O^2 Σ^1 P.S $\frac{5,95}{6,25}$ - d 3 - C $\frac{29}{30}$ 3881
Mélanasphalte, syn. d'Albertite 3882
Mélanchlore, var. de Dufrénite 3883
Mélanchyme, résine fossile 3884
Mélanélite, résine fossile 3885
Mélanhydrite, var. de Palagonite 3886
Mélanite $Ca^3Fe^2Si^3O^{12}$ P.S $\frac{3,6}{4,3}$ - d 7 - Σ^1 (grenat ferro-calc) C X 3887
Mélanocérite, fluoborosilicate de Ce, Y, Ca, La, Di, Ta, Th 3888
Mélanochroïte, syn. de Phœnicite 3889
Mélanolite, var. d'Hisingérite 3890
Mélanophlogite, mél. ou assoc. de Silice, acide sulfur. CeH^2O 3891
Mélanosidérite, var. d'Hisingérite 3892
Mélanostibiane, antimoniate de Mn, Fe 3893
Mélanotekite, silicate complexe de Fe, Pb 3894
Mélanothallite, var. d'Atacamite 3895
Mélantérie, Mélantérite, $H^{14}FeSO^{11}$ P.S $\frac{1,83}{2}$ - d 2 - Σ^{5-4} - C $\frac{1}{16}$ 3896
Mélany S^t (Ardèche) - 2 II - 1G 1 15° 16° 3897
Mélaphyre, équiv. paléoz. de la diabase à olivine 3898
Melcey (H. Saône), 480^H 29-9-43 - Lignite 3899
Melcey-Fallou (H. Saône) 480^H 29-9-43 - Sel 3900
Mélilite (basalte à) néphélinites basaltiques 3901
Mélilite, v. Humboldtilite 3902
Mélinite, var. de bol (ocres jaunes) 3903
Mélinophane $Na^4(Gl,Ca)^{12}Si^9O^{30}Fl^4$ P.S 3,02 - d 5 - Σ^2 C $\frac{10}{12}$ 3904
Mélinose, v. Wulfénite 3905
Méliphanite, syn. de Mélinophane 3906
Melles (H.G.) Fos, 1546^H 31-7-83 - Pb, Ag, Zn, etc. 3907
Mellite, $H^{36}Al^2C^{12}O^{30}$ P.S $\frac{1,57}{1,64}$ - d $\frac{2,5}{2}$ Σ^2 C $\frac{10,11,12}{13,15}$ 3908
Mélobésies (Calc. à) 3G $\frac{3}{1}$ 3909

Mélonies (Calc. à) . . . . 3G $\frac{1}{3}$ Mont. Noire . . . 3910
Mélonite, tellure de Ni 3911
Mélopsite, var. de Talc ou de Gymnite 3912
Méloudja (Constantine) Bône, 1405 H 9_11_45_Fe . 3913
Menaccanite, var. d'Ilménite 3914
Ménat N°1 (P.d.D.) 3500_20_4_25_Sch. bitum. . . . 3915
Ménat N°2 (P.d.D.) 30.43_17_4_27_Sch. bitum. . . 3916
Mendipite $Pb^3O^2Cl^2$ PS $\frac{7}{7}$ _d $\frac{7}{7}$,5 A $\frac{4}{41}$ Σ $\frac{3}{}$ A $\frac{1}{12}$ . . . 3917
Mendozite, $Na^2SO^4Al^2S^3O^{12}$ 24 H^2O _Σ ^{1} _PS 1,88_ds_C $\frac{1}{}$_A ^{10} 3918
Meneghinite, $Pb^2Sb^4S^7$ _Σ $\frac{5}{}$ 3919
Ménévien . . . . 1G $\frac{3}{7}$ 3920
Menge St (Vosges), 2264 H 20_5_29_Lignite . . . 3921
Mengite, syn. de Monazite 3922
Menglon (Drôme), 2220 H 1_2_89_Zn, Pb, etc . . . 3923
Ménilite, var. d'opale magnésienne _A $^{16}_{20}$ . . . 3924
Mennige, syn. de Minium 3925
Menthon (H. Savoie) _I_3G ^{1}_14° 3926
Méons (Loire) St Etienne, 142 H 4_11_42_houille . . 3927
Mercure, Hg_PS $^{13,5}_{13,6}$ _Σ ^{1} _C ^{85} 3928
Mercure Argental, v. amalgame 3929
Mercure hépatique, var. de Cinabre 3930
Mercure muriaté, syn. de Calomel 3931
Mérens (Ariège) _2 I_1G ^{1}_ 12° 31° 3932
Méria (Corse) Méria, 464 H 10_3_58_Antimoine . . 3933
Mérinchal (Creuse), 1097 H 15_6_1901_Antim. . . 3934
Merle (Isère) Theys, 102 H 25_11_32_Fe 3935
Méroxène, mica biotite vert du Vésuve 3936
Merzelet (Ardèche) Aillon, 693 H 28_8_62_Fe . . . 3937
Mésabite, var. ocreuse de Gœthite 3938
Mésage (Isère) St Pierre, 40.70_3_8_48_Fe . . . 3939
Mésitine, $Mg^2C^2O^6FeCO^3$ PS $^{3,85}_{3,38}$ _d $^{3,5}_{4}$ Σ ^{4} C $^{11}_{24}$ 3940
Meskoula (Const.) Meskiana, 375 H 13_5_91_Pb, Cu, Zn . 3941
Mesmon (Saône et L.) St Christophe, 141 H 30_7_28_Pb . . 3942
Mesnil (Eure) _II_2G ^{6}_10° 3943
Mésobasalte, basalte des temps secondaires . . . 3944
Mésole Thomsonite à 42% de SiO^2, en sphérolites micro 3945
Mésoline, var. grenue de Lévyne 3946
Mésolite, $H^6(Ca,Na^2)Al^2Si^3O^{13}$ PS $^{2,18}_{2,39}$ _d 5,5_Σ ^{6} A ^{2} C $^1_2$ 3947
Mésolite d'Hauenstein, var. de Thomsonite 3948
Mésonévadite, névadite des terrains secondaires . . . 3949
Mésophytique, caractère de la flore secondaire . . . 3950
Mésopotamien . . . . 3G $\frac{1}{6}$_7 3951
Mesotype, $H^4Na^2Al^2Si^3O^{12}$ PS $^{2,17}_{2,26}$ _d $^{5,5}_{5}$ Σ ^{3} _A $^{63}_{42}$ C $^{4,5}_{22}$ 3952
Mésotype épointée, syn. d'Apophyllite 3953
Mésozoïque (groupe) ou Secondaire 2.G . . . 3954
Messeix (P.d.D) 643 H 23_11_31_anthr 3955

Messelite, orthophosphate hydr. de Fe, Ca 3956
Messingite, syn. de Kisseite 3957
Messinien . . . . . . 3G $\frac{3}{3}$ 3958
Messelmoun (Alger) Gouraya, 1000.32_26_8_78_Fe . 3959
Métabief (Limonite de) . . 2G $\frac{5}{7}$ 3960
Métabrushite, var. de Brushite 3961
Métachlorite, Leptochlorite lamellaire 3962
Métacinnabarite, var. de Cinabre, C $\frac{29,30}{}$ PS 7,7 . . 3963
Métagadolinite, alt. de Gadolinite 3964
Métalonchidite, var. arsénifère de Marcassite . . 3965
Métallifère (Calcaire) . . . 1G $\frac{3}{3}$ 3966
Métamorphiques (Roches) transf. par le dynamisme. 3967
Métanatrolite, Natrolite calcinée 3968
Métanocérite, var. de Nocérite 3969
Métapérowskite, Pérowskite altérée 3970
Métasericite, var. de Muscovite 3971
Métastibnite, var. de Stibine 3972
Métavoltine, sulf. hydr. de K, Na, Fe 3973
Métaxite, chrysotyle à grosses fibres 3974
Métaxoïde var. de Ripidolite 3975
Météorites, syn. d'Aérolithes 3976
Méthamis (Vaucluse), 298 H 3_6_99_Lignite . . 3977
Meudon (Craie ou blanc de), Craie aturienne . . 3978
Meule, grès glauconifère, calcarifère à silice gélatin. 2G $\frac{5}{4}$ 3979
Meulière var. de silex ferrugineux 3980
Meulières, pierres à Silex compactes ou caverneuses 3981
Meurchin (P.d.C.) 1986 H 1_2_89_houille 3982
Meuse (Ph. de la) N et S_2G $^5_4$ _2G $^6_7$ _gris vert 14.99% 3983
Mexy (M. et M.) Longwy, 230 H 7_2_66_Fe 3984
Meylieu-Montrond (Loire) _II_2G_26° 3985
Meymac (Corrèze), 316 H 28_12_78_bismuth . . . 3986
Meymacite, Scheelite altérée 3987
Meyras (Ardèche), 13 II_5 IV_2 III_1 G ^{1}_7°26°,5 . . 3988
Meyrueis-Gatuzières (Lozère) 1057 H 6_4_64_Pb, Ag . . 3989
Miage (H. Savoie) St Gervais, 400 H 28_6_57_Fe Pb, Ag. 3990
Miargyrite, $Ag^2Sb^2S^4$ _PS $^{5,18}_{5,25}$ _d $^{2,5}_{2}$ Σ ^{5} _C ^{39} . . . 3991
Miarolitique (texture), à vides ultérieurement comblés 3992
Miascite, mel. de strontianite et de Calcite 3993
Micas, groupe dont O de SiO^2 Somme de O de RO et R^2O^3 3994
Mica (term. gén.) 3RO, $R^2O^3(SiO^2)^3$ _PS $^{2,78}_{3,1}$ _d 2,5_A $^{11}_{15}$. 3995
Mica triangulaire, var. de Pennine 3996
Micachlorite, var. de Clinochlore 3997
Micaphilite, syn. d'Andalousite 3998
Micarelle, var. de Wernérite 3999
Micaschiste, R. de quartz et micabiotite, zônée . . 4000
Micasyénite, syn. de Minette 4001

Michaëlite, var. d'Opale 4002

Michaelsonite, syn. d'Erdmannite 4003

Michel de Dèze St (Lozère), 1306H 7-8-22-Antim. et Pb. 4004

Michel-Levyte, var. de Barytine 4005

Micheville (M. et M.) Villerupt. 400H 21-11-74-Fe . . . 4006

Microbromite, chlorobromure d'Ag 4007

Microcline. $K^2Al^2Si^6O^{16}$ P.S $^{2,54}_{2,58}$-d6-Σ^6 A^{11}_{26}-Cx 4008

Microclinperthite, microcline à lamelles d'albite . . 4009

Microfelsite, syn. de Pétrosilex 4010

Microgranite, R. d'aspect granitique au microscope . . 4011

Microgranitique (texture) texture du microgranite. 4012

Microgranulite. R. d'asp. granul. au microscope 4013

Microgranulitique (texture) text. des microgranulites. 4014

Microlite, pyrochlore tantalifère 4015

Microlithes, crist. microscopiques des Roches 4016

Microlithique (text.) (pâte à petits cristaux A⁹ parallèles) 4017

Micropegmatite, R. granitique à texture suivante: . . . 4018

Micropegmatitique (text.) faciès pegmatitique au micr. . 4019

Microperthite, var. de Perthite fibreuse 4020

Microplakite, var. de Labrador 4021

Microphyllite, var. de Labrador 4022

Micropyroméride, syn. de porphyre globulaire . . 4023

Microschörlite, Tourmaline microscopique 4024

Microscopique, opposé de macroscopique 4025

Microseismiques (mouv.) mouv. constants de l'écorce . . 4026

Microsphérolithique (text.) caract. par globules à + noire 4027

Microtine, syn. de Plagioclase vitreux 4028

Miens (les) (Saône et L.) Dracy. 487H 25-7-64-Sch. bitum. 4029

Microsommite var. de Sodalite 4030

Middletonite, résine fossile 4031

Miemite, var. de dolomie 4032

Miers (Lot)-IV-2G$\frac{4}{}$ 15° 4033

Miersite, iodure d'Ag-Σ tétraédrique 4034

Miesite, var. de Pyromorphite 4035

Miglos (Ariège). 1049H 10-8-75-Fe 4036

Mignumite, var. de Magnétite 4037

Milanite, var. d'Halloysite 4038

Milarite, $HKCa^2Al^2Si^{12}O^{30}$ P.S 2,59-d$^{5,5}_{6}$ Σ^3-C! 4039

Milhac de Nontron (Dordogne), 544H 10-3-33-Mn 4040

Miliolites (Calc. à) . . . . 2G$^{6}_{5-6}$ 4041

Millérite, NiS-P.S$^{5,2}_{5,6}$-d$^{3,5}_{3}$ Σ^4-A^8_9-C^{26} 4042

Millery (M. et M.) 219H 21-6-82-Fe 4043

Millery (Saône et L.) St Forgeot, 522H 11-7-43-Sch. bit. 4044

Millstone grit. grès meulier . . 1G^5 4045

Miloschine. var. de Smectite azotée 4046

Mimet (B. d. R.). 441H 13-3-18-Lignite . . 4047

Mimétène. v. Mimétèse 4048

Mimétèse. $Pb^5As^3O^{12}Cl$-P.S$^{6,92}_{7,3}$-d 3,5-Σ^4 A^{43} $C^{18,10}_{24}$ 4049

Mimétite, v. Mimétèse 4050

Mimophyres. R. clastiques, porphyriques des tufs 4051

Mine d'Amadou, var. de Jamesonite . . . primitive 4052

Mine de Plomb. v. Graphite 4053

Minervite, phosph. hydr. d'Al, K. avec Am, Ca, Mg . . 4054

Minier (Aveyron) Viala, 856H 28-12-40-Cu. Pb. 4055

Minerve (Hérault). 452H 26-12-13-Lignite . . . 4056

Minette, Syénite très micacée équiv. des micrograna-lites 4057

Minette ferrugineuse, Oolithe ferrug. 2G$^{2}_{4-5}$ . . . 4058

Minium Pb^3O^4 P.S 4,6-d2-C^6 4059

Miocène . . . . 3G$^{3}_{1,2,3,4,5}$ . . . 4060

Mionite, v. Meionite 4061

Mio-pliocène . . . . . . 3G$\frac{4}{2}$ 4062

Mirabilite, $H^{20}Na^2SO^{14}$ P.S 1,48-d$^{1,5}_{2}$ Σ^5 A^{42} C^{1,3} . 4063

Miriquidite, phospho arséniate hydr. de Pb, Fe . . . 4064

Misénite, sulfate hydr. de K 4065

Miserey (Doubs)-IV-2G^2 72° 4066

Miserey (Doubs) 1102H 2-9-68-Sel 4067

Mispickel. FeAsS-P.S$^{5,2}_{6}$-d$^{5,5}_{6}$ Σ^3-C$^{25}_{26}$-P11 . . 4068

Misylite, syn. de Copiapite 4069

Mississipien . . . . . 1G$\frac{5}{3}$ 4070

Missourien . . . . 1G$\frac{5}{4}$ 4071

Missourite R. granitoïde 472+742+298+Olivine Leucite 4072

Mixite, arséniate hydr. de Cu et Bi 4073

Mixtes (formations) dûes aux act. inter. et exter. . . 4074

Mizzonite, var. de Meionite vois. de Paranthine . . 4075

Modumite. syn. de Skuttérudite 4076

Mofettes, émanations d'Acide carbonique . . . 4077

Moffrasite, syn. de Bleinière 4078

Mohsine, syn. de Leucopyrite 4079

Mohsite. var. d'Ilménite 4080

Moineville (M. et M.) 766H 18-6-86-Fe 4081

Moingt (Loire)-II-1G$\frac{1}{}$ 13° 4082

Molarite, syn. de Meulière 4083

Moldawite, obsidienne en grains 4084

Môles, protubérances souterraines de l'Archéen. 4085

Molitg (P. O.)-6I-1G-34°-38° 4086

Mollard (Isère) Chapelle, 179H 10-8-61-Lignite . . 4087

Mollasse, grès calcarifère marneux tendre . . . 4088

Mollasse lignitifère . . . . . . 3G$\frac{2}{3}$ 4089

Mollasse rouge . . . 3G$\frac{2}{3}$ . . audessus de la précéd. 4090

Mollière (Isère) Mont Lans. 23H 20-12-40-anthr. 4091

Molliet (Savoie) Arvillard, 108H 9-7-39-Fe . . . 4092

Mollite. syn. de Klaprothine 4094

Moloy (Saône et Loire) St Léger, 476ᴴ 5-3-95 houille ... 4095
Molybdénite, MoS^2 PS $^{4,44}_{4,8}$ d $^{1,5}_{1}$ Σ ^{3,4,5} A $^{77}_{56}$ C ^{98} ... 4096
Molybdénocre, MoO^3 PS $^{4,49}_{4,5}$ dt Σ ^{3} A $^{10}_{25}$ C ^{26} ... 4097
Molybdine, v. Molybdénocre ... 4098
Molybdoferrite, molybdate impur de Fe ... 4099
Molybdoménite, sélénite de Pb ... 4100
Molybdurane, molybdate d'U ... 4101
Molysite, Fe^2Cl^3 A 25 C $^{8}_{8}$ ... 4102
Monazite, Phosphate de Ce, La, Th. Σ ^{5} ... 4103
Monazitoïde, var. de Monazite ... 4104
Mondragon (Vaucluse), 624ᴴ 26-12-34 Lignite. 4105
Monêtier-Briançon (H.A.) 2 IV 2 G $^{2}_{2}$ 34° 38° ... 4106
Monétite, phosphate hydr. de Ca ... 4107
Monestier (Isère) 3 II 2 G $^{4}_{2}$ 10° ... 4108
Monfrou (Sarthe) Auvers, 2100ᴴ 24-4-22 Anthr. 4109
Monheimite, Smithsonite ferrifère ... 4110
Monien, ... 1 G ^{2} ... 4111
Monio (Savoie) Modane, 389ᴴ 3-6-60 Fe ... 4112
Monimolite, Antimoniate de Pb, Fe, Ca, Mg, Mn ... 4113
Monistrol d'Allier (H.L.) 908ᴴ 31-3-51 Pb, Ag. 4114
Monite, syn. de Collophane ... 4115
Monna (Aveyron) Millau, 528ᴴ 6-2-64 Lignite. 4116
Monoclinal (pli) déviat. pllé par plissement ( ) 4117
Monophane, syn. d'Epistilbite ... 4118
Monradite, alt. de Pyroxène ... 4119
Monrolite, var. de Sillimanite ... 4120
Montagne du Feu (Loire) St Genis, 79ᴴ 17-11-24 houille 4121
Montagne de l'homme (H.A.) Grave, 1100ᴴ 24-10-36 Cu, Pb, Ag 4122
Montaigu (B.A.) Volx, 253ᴴ 13-2-36 Lignite ... 4123
Montalet (Gard) St Brès, 1312ᴴ 25-6-62 houille ... 4124
Montanite, tellurate hydraté de Bi ... 4125
Montaren (Gard), 271ᴴ 18-4-30 Lignite ... 4126
Montaud (Loire) St Etienne, v. Quartier Gaillard. 4127
Montbazens (Aveyron), 687ᴴ 6-12-27 Fe ... 4128
Montbressieu (Loire) St Joseph, 50ᴴ 26-10-25 houille 4129
Montbrison (Loire) II 1 G $^{1}_{}$ 13° ... 4130
Montbrun (Drôme) 3 I 3 G ^{1} 10° 11° ... 4131
Montcel (Loire) Calaudière, 123ᴴ 13-7-25 houill. 4132
Montchabert (Savoie) Argentine, 395ᴴ 26-7-55 Pb, Ag 4133
Montchanin (S. et L.), 1716ᴴ 29-3-1769. houille ... 4134
Mont du Chat (Savoie) Chapelle, 173ᴴ 29-8-58 Fe ... 4135
Mont de Chat (M. et M.) Longwy, 221ᴴ 2-9-68 Fe ... 4136
Montcombroux (Allier), 657ᴴ 31-12-34 houille ... 4137
Montcoustans (Ariège) Cadarcet 689ᴴ 24-12-66 Pb, Zn 4138
Montcouyoul (Tarn), 895ᴴ 6-12-81 Fe ... 4139
Mondubazac ... v. Solzac ... 4140

Mont Dore (P.d.D.) 12 II basalte 35° 46° ... 4141
Mont Dore (P.d.D.) 51.00 6-12-27 Alunite ... 4142
Montébras (Creuse) Soumans, 415ᴴ 10-12-68 Etain 4143
Montebrasite, v. Amblygonite (var. hydratée) ... 4144
Montels (Ariège) 6 K° 38.80 25-8-61 Mn ... 4145
Montel (M. et M.) Villers lez Nancy, 366ᴴ 4-8-69 ... 4146
Montet (Allier), 392ᴴ 23-4-1901 houille ... 4147
Montfuron (B.A.) Manosque, 480ᴴ 20-11-31 Lignite. 4148
Montgros, v. Sallefermouse ... 4149
Montgros (Ardèche) Baune, 336ᴴ 6-10-36 houille ... 4150
Monthaut, v. Caune des Causses ... 4151
Monticellite, Péridot calc. magn. PS 3,12 d $^{5,5}_{5}$ ... 4152
Monticello (Corse), 752ᴴ 1-2-65 Pb ... 4153
Montien ... 2 G $^{6}_{6}$ ... 4154
Montieux (Loire) St Etienne, 71ᴴ 6-7-25 houille ... 4155
Montignat (Allier) Petite Marche, 712ᴴ 13-4-93 Antim. 4156
Montigné (Mayenne) 623ᴴ 4-7-57 Anthracite ... 4157
Montjean (M. et L.) 1074ᴴ 23-6-06 Anthracite ... 4158
Montjeaux (Aveyron) III 2 G ^{1} 11° ... 4159
Montjoie (Ariège) 3 IV 2 G $^{2-5}$ 18° 22°,8 ... 4160
Montjoyer (Drôme), 623ᴴ 8-3-41 Lignite ... 4161
Montmarçon (Indre) Crozon, 136ᴴ 31-8-98 Pb ... 4162
Montmartite, syn. de Gypse ... 4163
Montmin (H. Savoie), 97ᴴ 6-2-56 Lignite ... 4164
Montmorillonite, argile savonneuse rose clair ... 4165
Montmorot (Jura), 1999,85 6-1-42 Sel ... 4166
Montneboux (P.d.D.) Augerolles, 561ᴴ 3-8-55 Pb, Cu. 4167
Mont Rocoy (H. Saône) 484 2-9-74 Fe ... 4168
Montoulieu (Hér.) 478ᴴ 12-6-69 Lignite ... 4169
Montpeyroux (Landes) Pouillon, 1190ᴴ 25-1-53 Sel. 4170
Montpezat (Ardèche) III 1 G ^{1} 11° ... 4171
Montrambert (Loire) Chambon, 466ᴴ 4-11-24 houille 4172
Montredon-Labessonnié (Tarn) 814ᴴ 6-5-81 Fe, Mn. 4173
Montrelais-Mouzeil (L.I.) Chapelle, 98,75ᴴ 18-8-07 houille 4174
Montrottier (H. Sav.) Lovagny, 112ᴴ 30-1-69 Asphalte. 4175
Monsalson, v. Beaubrun (Loire) ... 4176
Mont St Martin (M. et M.) Longwy, 626ᴴ 17-9-64 Fe. 4177
Montvicq (Allier), 294ᴴ 6-5-41 houille ... 4178
Monzonite, var. compacte de grossulaire ... 4179
Monzonite, syénite à augite du Tyrol ... 4180
Moor rock, équivalent du millstone grit ... 4181
Moquets (Saône et L.) Chapelle, 135ᴴ 7-3-41 houille ... 4182
Moraines externes (qui dépassèrent le Danube) ... 4183
Moraines internes (qui s'arrêtent au lac de Constance) 4184
Mordénite, zéolite sodico-calcique ... 4185
Morénosite, $H^{14}NiSO^{11}$ PS 2 d $^{2,5}_{2}$ Σ ^{3} A 2 C ^{16} ... 4186

Moresnétite, Calamine Alumineuse … 4187
Morinite, fluophosphate d'AL, Na … 4188
Morion, quartz enfumé noir … 4189
Mornat (Creuse) St Pardoux, 302^H 17-3-24-Pb, Ag. 4190
Mornite, var. ferreuse de Labrador … 4191
Morocochite, syn. de Mathildite … 4192
Moronolite var. de Jarosite … 4193
Moroxite, var. d'Apatite … 4194
Mort d'Imbert (B.A.) Manosque, 78^H 18-9-31 Lignite 4195
Morts terrains, Crétacé et tertiaire Franco-Belge … 4196
Morvénite, v. Harmotome … 4197
Mosandrite, silicotitanate de Ce, La, Di, Fe, Mn, Ca-Σ^6-PS$^{2,95}_{3}$-d4. 4198
Moscovien … $1G^5_2$ … 4199
Moscovite, v. Muscovite … 4200
Moscen, sable de Möll, $4G^1$ … 4201
Mossite, esp. quadratique de Columbite … 4202
Mossotite, var. d'Aragonite … 4203
Motte – 2IV – $2G^2$ 57° 62° … 4204
Mottramite, vanadate encore douteux … 4205
Mouillon (Loire) Rive de Gier, 60^H 10-4-1759. houil 4206
Moulaine (M. et M.) Haucourt, 371^H 1-2-68-Fe … 4207
Moulergues (H.L.) Chastel, 93^H 7-2-66-Antim. … 4208
Moulinets (Aveyron) Nant. 108^H 4-2-60-Lign. … 4209
Moulins glaciaires, puits circulaires dûs au ruissel^t 4210
Mount (P.O.) Corsavy 9.00-31-3-32-Fe … 4211
Mountain-limestone, calc. marbre du $1G^5$ … 4212
Mourière (M. et M.) Avillers, 474^H 20-3-1900-Fe … 4213
Mouthier (Doubs). 489^H 8-5-47-Sch. Bitum. 4214
Moutiers (M. et M.) Briey, 696^H 11-8-84-Fe … 4215
Mouzaia (Alger) Lodi, 5363^H 3-11-46, Cu … 4216
Muckite, résine fossile … 4217
Muldane, var. d'Orthose … 4218
Müllerine, syn. de Krennérite … 4219
Mullérite, var. de Guano … 4220
Mullicite, syn. de Vivianite … 4221
Munkforssite, esp. vois. de Svanbergite … 4222
Munkrudite, phospho-sulfate de Fe, Ca … 4223
Murchisonite, var. d'Orthose … 4224
Muriacite, syn. d'Anhydrite … 4225
Murichalcite, syn. de Dolomie … 4226
Murindo, résine fossile … 4227
Muromontite, var. d'Orthite … 4228
Mursinskite, inclusions Σ^2 des topazes … 4229
Muschelsandstein, grès coquillier du précédent … 4230
Mureils (Drôme) – III – $8G^4$ 14° … 4231
Muret (H.G.) – IV – 4G – 11°5 … 4232
Muret (Aveyron). Salle, 1442^H 18-8-53-Fe … 4233
Murville (M. et M.). 496^H 20-3-00 – Fe … 4234
Muschelkalk Calcaire coquillier; salifère, $2G^1_2$ … 4235
Muschelsandstein, grès coquillier du précédent … 4236
Muscovite (mica Σ^5), $K^2H^4AL^6Si^6O^{24}$-PS$^{2,76}_{3,1}$-d$^2_3$-C^1_3-A^{73} … 4237
Muse (Schistes de Muse) … $1G^6_1$ … 4238
Musite, syn. de Parisite … 4239
Mussite, var. de Diopside … 4240
Myéline, var. d'Halloysite … 4241
Myon St (P.d.D.) – 3II – 1G^1 – 12° 14° … 4242
Mylonite, R. transformée par écrasement … 4243
Mysorine, malachite impure hydratée … 4244
Mythen (les) R. klippes remarquables du $2G^{1,2,3,4}$ … 4245

N

Nacrite, var. de Kaolin, PS$^{2,35}_{2,63}$-d 0,5-C^2 A^{45} … 4246
Nadelerz, v. Patrinite … 4247
Nades (Allier) 90.50-23-4-29-Antim … 4248
Nador-Chair (Alger) Palestro, 1470^H 8-7-95-Zn, Pb. 4249
Nadorite, oxychlorure de Pb avec Sb … 4250
Naesumite, alt. de Cordiérite … 4251
Nagyagite, R. dacite porphyrique (felsodacite) 4252
Nagyagite, v. Elasmose … 4253
Nagelfluh, poudingue 3G suisse (à cailloux impress.) 4254
Namaqualite, aluminate hyd. de Cu, Mg, Ca … 4255
Nant, v. Moulinets … 4256
Nantokite, Cu^2Cl^2-PS 3,93-d$^{2,5}_2$-C^1_3-A$^{22}_{24}$ … 4257
Napalite, cire fossile … 4258
Naphtadil, var. d'Ozocérite … 4259
Naphte C^nH^{2n+2}-PS$^{0,7}_{0,4}$-C^{1,3,12} liquide-A^4 … 4260
Naphtéine, var. de Hatchettine … 4261
Napoléonite, diorite orbiculaire … 4262
Napolite, var. d'Haüyne … 4263
Nasturane, syn. de Pechurane … 4264
Natrikalite, chlorure de K, Na … 4265
Natrite, syn. de Natron … 4266
Natroboracalcite, syn. d'Ulexite … 4267
Natrocalcite, syn. de Gay-Lussite … 4268
Natrolite, var. de Mesotype A 22,10, A^{65} C^{11} … 4269
Natron, $H^{20}Na^2CO^{13}$-PS$^{1,45}_{1,5}$-d$^{1,5}_1$-Σ^5-C^{1,3} … 4270
Natronitre, $NaAzO^3$-PS$^{2,09}_{2,29}$-d$^{1,5}_2$-Σ^4 C^{1,3} … 4271
Natronorthoklas, var. d'Orthose sodique (Anorthite) 4272
Natrophilite, phosphate de Mn, Na, Fe, Li … 4273

Natrophite, phosph. hydr. de Na 4274
Natrosidérite, syn. d'Acmite 4275
Natroxonotlite, Xonotlite à Na 4276
Naumannite, Ag^2Se – P.S 8 – d 2,5 – Σ^1 4277
Navette (H.A.) Clémence, 1050H 30 – 5 – 66 – Cu, Pb, Ag. 4278
Navite, mélaphyre riche en olivine 4279
Navoyne (H.L.) Bas-Basset 481H 18 – 8 – 76 – Fe ... 4280
Nécronite, var. fétide d'Orthose 4281
Nectaire St (P.d.D.) – 14 II – 1 G^1 – 18° – 41° ... 4282
Nectilite, syn. de silex nectique 4283
Nectique (silex), v. de silex flottant sur l'eau 4284
Nefedieffite var. magnésienne de Lithomarge .. 4285
Neftgil, Nestdgil, var. d'Ozocérite 4286
Nefzas (Tunisie) – 26 – 3 – 84 – Fe 4287
Negrefoil (Aveyron) – 61H 1 – 9 – 27 – Cu, Pb 4288
Némalite, var. fibreuse de Brucite 4289
Némausien .... 2 G^5_1 4290
Neachrysolite var. manganésée de Péridot ... 4291
Néocomien .... 2 G^5_7 4292
Néoctèse, syn. de Scorodite 4293
Néocyanite, silicate anhydre de Cu 4295
Néogène, second système du tertiaire ... 3 G^{3-4} ... 4296
Néojurassique .... 2 G^4_{4-5} 4297
Néolite, var. de Stéatite 4298
Néolithique, âge de la pierre polie – 4 G^7_2 ... 4299
Néophytique (ère) commencement de 3 G 4300
Néoplase, syn. de Botryogène 4301
Néotésite, alt. de Téphroïte 4302
Néotocite, alt. de Rhodonite 4303
Neotype, syn. de Baricalcite 4304
Néovolcaniques. R. éruptives récentes 4305
Néozoïque, syn. de tertiaire 4306
Népaulite, var. de Panabase 4307
Néphéline $(Na,K)^2Al^2Si^2O^8$ P.S $\frac{2,58}{2,64}$ – d $\frac{5,5}{6}$ – Σ^4 A^{42} C^1_{22} ... 4308
Néphélinite, basalte à néphéline domin. 4309
Néphrite, var. de Jade (actinote compacte) ... 4310
Neptunite, silicotitanate de Fe, Mn 4311
Néris (Allier) – IV – 1 G^1 – 52° 4312
Nertschinskite, var. d'Halloysite 4313
Nervien .... 2 G^6_1 4314
Neubourg (Eure) – IV – 2 G^{5-6} – 10° 4315
Neudeckien .... 4 G^1 4316
Neudorfite, résine fossile 4317
Neukirchite, Acerdèse ferrugineuse 4318
Neurolite, Agalmatolite siliceuse et ferreuse 4319
Neutres (roches) R. renf. de 55 à 60% de silice 4320

Neuville (Rhône) – III – 3 G^4_- 4321
Neuvizyen .... 2 G^4_2 4322
Nevadite, liparophyre très peu vitreuse 4323
Newbergite, v. Newberyite 4324
Newberyite, phosphate hydr. de Mg 4325
Newboldite, blende ferreuse 4326
Newjanskite Ir^3Os – P.S $\frac{19,4}{}$ d 7 – Σ^4 4327
Newportite, var. d'Ottrélite 4328
Newtonite, silic. d'Al. voisin du kaolin 4329
New-red-sandstone, grès rouge permien 4330
Niccochromite, dichromate de Ni 4331
Niccolite, syn. de Nickeline 4332
Nice (A.M.) – III – 4 G – 16° 4333
Nickel, Ni. soluble dans HCl et précip. vert par KOH. 4334
Nickel antimonial, NiSb, Σ^4 v. Breithauptite 4335
Nickel antimonié sulfuré, v. Ullmannite 4336
Nickel arséniaté v. Annabergite 4337
Nickel arsenical, syn. de Nickeline 4338
Nickel arsenical blanc, v. Chloanthite 4339
Nickelblende, v. Millérite 4340
Nickelgymnite, v. Genthite 4341
Nickeline, NiAs – P.S $\frac{7,72}{7,4}$ – d $\frac{5,5}{5}$ Σ^4 A^{22} C^{27} 4342
Nickelocre, v. Annabergite 4343
Nickelstibine, v. Ullmannite 4344
Nickelvitriol, v. Morénosite 4345
Nicolas St (M. et M.) 769H 7 – 7 – 55 – Sel 4346
Nicomélane, sesquioxyde de Ni 4347
Nicopyrite, v. Pentlandite 4348
Nierenkies, var. de Chalcopyrite 4349
Nièvre (Phosph. de la), N, C^3 jaunâtre 2 $G^{2.4.5}$ 29% .. 4350
Nigrescite, var. de Chlorophæite 4351
Nigrine, var. ferreuse de Rutile 4352
Niobite, v. Baierine 4353
Nipholite, syn. de Chodneffite 4354
Nitrammite, nitrate d'Ammoniaque 4355
Nitratine, $NaAzO^3$ – P.S $\frac{2,09}{2,29}$ – d $\frac{1,5}{2}$ – Σ^4 C^1_3 4356
Nitre, (Salpêtre). P.S 1,93 – d 2 – Σ^3 – A^{42} C^1 4357
Nitrobarite, nitrate de Ba 4358
Nitrocalcite, nitrate hydr. de Ca 4359
Nitroglaubérite, sulfoazotate hyd. de Na 4360
Nitromagnésite, azotate hydraté, $MgAz^2O^6$ + Aq 4361
Nivéite, var. de Copiapite 4362
Nivenite, uranate de Fe, Pb 4363
Nobilite, var. de Nagyagite 4364
Nocérine, oxyfluorure de Ca et Mg 4365
Nocérite, v. Nocérine 4366

Nodules, rognons ou concrétions de forme globul. A^{2e} 4367
Noduleux (Calcaire) Marnes à ovoïdes ferrugineux $2G\frac{2}{4}$ 4368
Noduleux (phyllade) R. métamorphique 4369
Nœux (P.d.C.). 7979^{H} 15 – 1 – 53 – houille 4370
Noguillan (Savoie) Bouzget, 691.42 – 11 – 7 – 81 – Fe, Cu, Pb, etc. 4371
Nohlite, var. de Samarskite 4372
Nolascite, var. arsénicale de Galène 4373
Nonards (Corrèze) 347.30 – Pb, Ag. 22 – 8 – 96 4374
Nontron (Dordogne), 924^{H} 24 – 8 – 99 – Pb, Zn, Ag, etc. 4375
Nontronite, $43 SiO^2$, $36 FeO$, $21 H^2O$ – $A\frac{20}{22}$–^{40} C verdâtre 4376
Noralite, var. de Hornblende 4377
Nord (Phosphates du), S gris vert – $2G^{6}$ – 15 % . . 4378
Nordenskjældine Stannoborate de Ca 4379
Nordenskjöldite, var. de Trémolite 4380
Nordmarkite, var. de Staurotide 4381
Nordmarkite, syénite quartzeuse rouge 4382
Norfolkien (interglaciaire) . . . 4 G^{1} 4383
Norite, Combin. de plagioclase et pyroxène Σ^{3} (Enstatite). 4384
Norien . . . . $2G\frac{1}{3}$ 4385
Normaline, syn. de Christianite (Harmotome) 4386
Norroy (Vosges) – IV – $2G^{1}$ – II 4387
Norroy (Vosges). 4138^{H} 5 – 8 – 29 – Lignite 4388
Northupite, chlorocarbonate de Na, Mg 4389
Noséane, var. d'Haüyne non calcifère P.S$^{2,18}_{2,37}$ – d^{5,6} – Σ^{1} C$^{22}_{25}$ 4390
Noséite, Nosélite, Nosian, Nosite syn. de Noséane 4391
Notite, var. de Palagonite 4392
N. D. de Briançon (Savoie) – IV – 2 G^{1} dolomie 42° . . 4393
N. D. du Charmaix (Savoie) Modane, 220 – 3 – 6 – 60 – Anthr. 4394
N. D. de la Gorge (H. Savoie) Contamines, 400^{H} 28 – 6 – 57 – Pb. 4395
N. D. de Laval (Gard) Laval, 1105^{H} 9 – 9 – 58 – Cu, Pb, Ag . . 4396
N. D. de Maurian (Her.) St Gervais. 1467^{H} 10 – 8 – 25 – Fe . . . 4397
N. D. d'Ubaye (B.A.) Dauphin. 148^{H} 31 – 3 – 62 – Sch. bitum. 4398
Nouméite, $_{32}^{8}$ NiO, $_{25}^{10.7}$ MgO – H^{6} (Mg, Ni)^{4} Si^{8} O^{29} – C^{12} A^{59} . . . 4399
Novaculite. Schiste dur (p. à rasoir) 4400
Noyant (Allier) 1230^{H} 16 – 2 – 1788 – houille 4401
Numidien . . . . . . $3G\frac{7}{7}$ 4402
Nuissierite, Pyromorphite arsénifère et calcifère . . . 4403
Nussierite, v. Nuissierite 4404
Nummulitique, éocène méditerranéen 4405
Nummulitiques (Sables) . . . . $3G\frac{1}{3}$ 4406
Nuttalite, var. de Wernérite 4407

O

Obsidienne, var. d'Orthose vitreuse 4408
Occiput (Isère) Allevard, 77^{H} 8 – 8 – 27 – Fe 4409
Océan primitif, premier océan hypothét. de la Terre. 4410
Ochran, var. d'Argile 4411
Ochroïte, mél. de Cérérite et de Quartz 4412
Ochrolite, chloroantimoniate de Plomb 4413
Ocres, argiles ferrugineuses 4414
Ocre jaune, Limonite argileuse, 12 % oxyde ferrique. 4415
Ocre rouge, ou Sanguine, hématite rouge terreuse . . 4416
Octaédrite, v. Anatase 4417
Octibbehite, fer nickelé météorique 4418
Odinite, Odite, var. de Muscovite 4419
Odomez (Nord) Bruille, 316^{H} 6 – 10 – 32 – houille . . 4420
Odontolite, fausse turquoise fossilifère (avec Ca Fl 6 %) – C$^{16,17}_{19,20}$ 4421
Oedonien, travertin inférieur du Bartonien . . . 4422
Oeil de chat, quartz pénétré d'aiguilles d'amiante . . . 4423
Oeil de tigre, Crocidolite à reflets jaunes 4424
Oellachérite, Muscovite barytifère 4425
Oerstedite, var. titanifère de Zircon avec Ca, Mg, Fe. 4426
Oenurgien . . . . . . $3G\frac{3}{3}$ 4427
Oetite, (pierres d'aigle). limonite à nodules creux . . . 4428
Oetite, phosphomanganésée, syn. d'Aletite (Hyvertite) . . . 4429
Offrétite, var. de Christianite 4430
Ogcoïte, var. de Ripidolite 4431
Ogeu (B.P.) – II – $2G^{6}$ – 21° 4432
Oisanite, épidote bacillaire 4433
Oise (ph. de l'), R. et S. jaunâtre – $2G\frac{6}{1}$ – $2G\frac{5}{4}$ – 29 % 4434
Okénite (Zéolite) $H^{4}CaSi^{2}O^{7}$ – Σ^{3} C$\frac{1}{3}$ 4435
Olafite, var. d'Albite 4437
Oldhamite, sulfure de Ca, météorique 4438
Old red sandstone, vieux grès rouge dévonien . . 4439
Olénidien . . . . . . $1G\frac{3}{1}$ 4440
Oligiste, $Fe^{2}O^{3}$ – P.S$^{4,9}_{5,3}$ – d$^{5,5}_{6,5}$ – Σ^{4} – A$^{53,10}_{11,13,26}$ – C$^{27,29}_{30}$ 4441
Oligiste écailleux, ou micacé, à reflets violacés, paill. adhé. 4442
Oligocène . . . . . . $3G_{1,2,3}^{2}$ 4443
Oligoclase $(CaNa^{2})^{2}Al^{4}Si^{20}O^{26}$ P.S$^{2,65}_{3,69}$ – d6 – Σ^{6} – A$^{57}_{42}$ – C^{16} var. . . . 4444
Oligonite, sidérose titrant 25 % de Mn 4445
Oligosidère, météorites à fer natif 4446
Olivine, péridot granulaire, isom. de Chrysolite 4447
Olivénite, $H^{2}Cu^{4}As^{2}O^{10}$ – P.S$^{4,9}_{4,6}$ – d3 Σ^{3} – A^{42} C$^{15,17}_{18}$ . . . 4448
Olliergue (P.d.D.) Augerolles 1300^{H} 1 – 6 – 28 – Pb . . 4449
Ollite, syn. de Pierre Ollaire 4450
Olmeto (Corse) – I – 1 G – 45° 4451

Olonzac (Hérault). 3780^{H} 24-7-57 - Lignite .. 4452
Olympie (Gard) Soustelle, 630^{H} 28-12-25 - houill. 4453
Olyntholite, syn. de Grossulaire 4454
Ombre (terre d'), ocre manganésifère 4455
Omphacite, v. Omphazite 4456
Omphazite, var. verte de diallage, A_{15}^{8} ... 4457
Oncophyllite, Oncosine, muscovite compacte .. 4458
Ondes (Calc. des), Calc. lacustre $3G^{2}_{1}$, près Frunel (L.G.) 4459
Onégite, var. de Gœthite 4460
Onkoïte, var. de Ripidolite 4461
Onnéroödite, v. Annérodite 4462
Onofrite, sulfoséléniure de Hg 4463
Ontariolite, var. de Scapolite 4464
Onyx, var. d'Agate à zones régulières 4465
Onyx d'Algérie, Calcite zonée polychrome ... 4466
Oolithe blanche, calc. grisâtre $2G^{3}_{1}$ sur la suiv. .. 4467
Oolithe ferrugineuse, couche noduleuse du Bajocien. 4468
Oolithe (grande) Bathonien d'Argovie 4469
Oolithe miliaire, grande Oolithe de Normandie . 4470
Oolithe vacuolaire, Dol. coquil. du $2G^{4}_{5}$ 4471
Oolithes, écailles calc. envelopp. sur noyau 4472
Oolithique .... $2G^{2,3,4}$ 4473
Oolithiques (Calcaires), Calc. pisolithiques A^{18} ... 4474
Oosite, var. de Pinite 4475
Opale, SiO_{2} + Aq - $PS^{1,9}_{2,3}$ - $d^{5,5}_{6,5}$ - $A^{53,42}_{44}$ - $C^{1,2,3}_{26}$ 4476
Operculines (Calc. à) ..... $3G^{1}_{1}$ 4477
Ophicalce, Marbre vert, veiné de Serpentine .. 4478
Ophiolitique (terrain) ou à Serpentine ... 4479
Ophites, R. basique (diallage + plagioclase) 4480
Ophite, syn. de Serpentine 4481
Ophitique (texture), interm. entre vitreux et granitoïde. 4482
Opsimose, rhodonite alter. quartzeuse 4483
Or, Au, $PS^{15}_{19,4}$ - $d^{2,5}_{3}$ Σ^{1} - C^{26} 4484
Or argental, or jaune clair à 20 % d'Ag 4485
Orãas. (B.P.) - IV - $2G^{1}$ - 15° 4486
Orãas (B.P.) 91^{H} 19-4-44 - Sel 4487
Oran - IV - dolomie - 55° 4488
Oran (phosph. d'), R. et F. $C^{2,3}$ veinés, $2G^{4}$ 39 % 4489
Orbagnoux (Ain) Corbonod, 285^{H} 1-7-43 - Calc. bitum. 4490
Or palladié, syn. de Porpezite 4491
Orangite, $H^{6}Th^{2}Si^{2}O^{11}$ $PS^{5,2}_{5,4}$ - d 4,5 - C^{10} 4492
Oravitzite, var. zincifère d'Halloysite 4493
Ordovicien .... $1G^{3}_{2}$ 4494
Orgues, basaltes des plateaux 4495
Orichalcite, v. Aurichalcite 4497
Origerfvite, syn. de Gillingite 4498

Orignac (H.P.) 322^{H} 29-9-56 - Lignite 4499
Orileyite, arséniure de Fe et Cu 4500
Orizite, zéolite, calcifère 4501
Ornithite, alt. de Brushite 4502
Oropion, var. d'Halloysite (Savon de Montagne .. 4503
Orpiment, $As^{2}S^{3}$ - $PS^{4,4}_{3,5}$ - $d^{1,5}_{2}$ - Σ^{3} - A^{11} - C^{10}_{11} ... 4504
Orthite, $H^{2}(Ca,Fe)^{4}(R^{2})^{3}Si^{6}O^{26}$ R=Al, Ce, Di, La, Y, Er, Fe .. 4505
Orthite (suite) - $PS^{3,37}_{3,8}$ - d^{5}_{6} - Σ^{5} - A 43,9 - C^{43}_{30} 4506
Orthochlorites, chlorites en cristaux ou lames 4507
Orthoclase, feldspath potassique ou Orthose ... 4508
Orthocères (Calc. à) .... $1G^{3}_{2}$ 4509
Orthoïde, var. d'Orthite 4510
Ortholite, Minette à Orthose et Mica 4511
Orthophyre, porphyre syénitique 4512
Orthophyriques (tufs) R. bréchiformes quartzeuses 4513
Orthose, $K^{2}Al^{2}Si^{6}O^{16}$ - $PS^{2,53}_{2,59}$ - d 6 - Σ^{6} - $A^{53,56}_{42,45}$ - $C^{2,5}_{var.}$ 4514
Orthose sodique, v. Anorthose 4515
Ortlérite, porphyrite à amphib. augite à feldspath microl. 4516
Orysite, v. Orizite 4517
Osani (Corse) 392^{H} 6-6-89 - Anthracite .. 4518
Osbornite, Oxysulfure météor. de Ti, Ca 4519
Oserskite, var. d'Aragonite 4520
Osmélite, var. Alunif. de Pectolite 4521
Osmiridium, syn. de Newjanskite 4522
Osmiure d'Iridium, v. Iridosmine 4523
Ostéocolle, calcaire tufacé 4524
Ostéolite, apathite impure, rappel. calc. litho. ... 4525
Ostracées (Marnes à) .... $2G^{6}_{1}$ 4526
Ostracodes, famille fossile (Cypridina etc) $1G^{4}$ .. 4527
Ostranite, alt. de Zircon 4528
Ostreenne (argile) ...... $2G^{5}_{2}$ 4529
Ostricourt (P.d.C.) 2300^{H} 19-12-60 - houille .. 4530
Ottrélite, Mica clintonite rigide. PS > 3 4531
Ouaillou, Concession de Ni, à Nouméa 4531
Ouarcenis (Alger) - I - $2G^{5-6}$ 42° 4532
Ouarcenis (Alger). 2559^{H} 11-12-90 - Zn (calam.) 4533
Ouasta (Constantine) Soukharas, 841^{H} 21-8-01 - Zn, Pb. 4534
Ouatite, syn. de Wad 4535
Ouche (Cantal) Massiac, 170^{H} 6-1-26 - Antim. . 4536
Ouche Bezenet (Allier) Montvicq 90^{H} 10-11-55 - houill. 4537
Ouches (Loire) - II - 3-4 G - 15° 4538
Oudon (M. et L.) Segré, 845^{H} 3-1-75 - Fe ... 4539
Oued-Allelah (Alger) Tenès, 2320^{H} 4-5-49 - Pb, Cu 4540
Oued-Bou-Zenna, v. Nefzas 4541
Oued-Kébir (Alger) Blidah, 1788^{H} 27-11-64 - Cu. 4542
Oued-Merdja (Alger) Blidah. 1255^{H} 3-4-52 - Cu. 4543

Oued-Taffilès (Alger) Ténès 1249^{H} 4-5-49 Cu, Pb 4544

Ouenza (Constantine) Morsott, 3079^{H} 20-5-01 – Cu, Fe. 4545

Ougney (Jura), 316^{H} – 24 – 12 – 46 – Fe 4546

Oulles (Isère), 1190^{H} 26-1-48 – Pb. Cu 4547

Oupia (Hérault), 535^{H} 19-5-24 – Lignite 4548

Ouralite, hornblende ayant la forme de l'Augite .. 4549

Ouralorthite, Orthite peu hydratée 4550

Outremer, $\frac{45}{46}SiO^2, \frac{11}{30}Al^2O^3, 10Na^2O, \frac{4}{24}CaO, \frac{2}{6}SO^3, \frac{1}{3}S, \frac{1}{4}Fe^2O^3$, os Cl. 4551

Outremer (suite) – P.S $^{2,38}_{2,45}$ – d 5,5 – A ^{24} Σ ^{1} – C ^{20} ... Bis. 4551

Ouralien .... 1 G $\frac{5}{4}$ 4552

Outremécourt (H.M.) – IV – III – 2 G $\frac{2}{1}$ – 10° 4553

Ouwarowite, $Ca^3Cr^2Si^3O^{12}$ – P.S $^{3,42}_{3,51}$ – d $^{7,5}_{8}$ – Σ ^{1} – C ^{17} ... 4554

Owénite, syn. de Thuringite 4555

Oxacalcite, syn. de Whewellite 4556

Oxahvérite, v. Oxhavérite 4557

Oxford-Clay, argile d'Oxford .. 2 G $\frac{4}{2}$ 4558

Oxfordien .... 2 G $\frac{4}{2}$ 4559

Oxhavérite, var. d'Apophyllite 4560

Oxalite, syn. de Humboldtine 4561

Oxaminite, Oxalate d'Ammoniaque 4562

Ozarkite, var. de Thomsonite 4563

Ozocérite, v. Ozokérite 4564

Ozokérite, $C^{30}H^{62}$ – P.S $^{0,94}_{0,97}$ – A $^{5}_{22}$ – C $^{18,24}_{10}$ 4565

P

Pachnolite $(NaCa)^2Fl^3 + Al^2Fl^6$ – P.S 2,92 – Σ ^{5} – C $^{2}_{22}$ .. 4566

Pacite, Leucopyrite sulfurée 4567

Padern-Montgaillard (Aude), 1429^{H} 17-6-72 Cu, Pb, Ag. 4568

Pagodite, var. de Pyrophyllite talqueuse 4569

Pagney (Jura), 209^{H} 19-12-50 – Fe 4570

Paillettes (miner. en), famille de micas 4571

Paintérite, var. de Vermiculite 4572

Pairy-Bony (poudingue de). R. rouge du Givetien .. 4573

Pajsbergite, var. de Rhodonite cristallisée 4574

Palæonatrolite, syn. de Mésotype 4575

Palafittes, habitations lacustres néolithiques 4576

Palagonite, $32SiO^2, 5Al^2O^3, 10Fe^2O^3, 2CaO, 2MgO, 6Na^2O, K^2O$ – P.S $^{2,4}_{2,7}$ – D $^{5}_{4}$ 4577

Palagonitique (tuf) – v. tuf. 4578

Palassou (poudingue de) du 3 G $\frac{1}{4}$ des Pyrénées. 4579

Palatinite, mélaphyre ophitique du grès rouge ... 4580

Palavas (Hér) – III – 4 G – 15° 4581

Paléarctique (Continent), précambrien 4582

Paléocène, (premiers dépots tertiaires) 4583

Paléocrystique (mer), ancienne mer arctique .. 4584

Paléolithique, Époque (des outils éclatés) 4 G $\frac{1}{1}$ .. 4585

Paléopicrite, v. picrites 4586

Paléovolcaniques (R.) Ancien R. d'épanchement .. 4587

Paléozoïque, groupe primaire .. 1 G $^{1,2,3,4,5,6.}$ ... 4588

Paligorskite, var. de trémolite altérée 4589

Palladinite, oxyde de Palladium 4590

Palladium, Pd – P.S $^{11,8}_{11,}$ – d $^{5}_{4,5}$ – Σ ^{1,2} – C $^{25}_{28}$ 4591

Pallières-Gravouillères (Gard). Thoiras, 445^{H} 29-12-12 Py, Fe. 4592

Palouma (H.P.) Grazost, 270^{H} 12-1-56 – Pb, Cu, Zn, Ag. 4593

Paludines (couches à) ...... 3 G $\frac{3}{5}$ 4594

Panabase $(AgCu)^8$ ou $(FeZn)^4 Sb^2S^7$ – P.S $^{4,36}_{5,36}$ – d $^{4}_{3}$ – C $^{28,27}_{29}$ – Pt2 .. 4595

Pandelon St (Landes) – 592^{H} 4-11-81 – Sel 4596

Pandermite, $H^{10}Ca^2B^6O^{16}$ var. de Colemanite – C ^{3} Σ ^{5} – 4597

Paniselien .... 3 G $\frac{1}{3}$ (sables glauconieux) 4598

Panissière (Gard), 174^{H} 28-12-61 – Py, Fe 4599

Pannonien ...... 3 G $\frac{3}{5}$ 4600

Pantellerite, liparite verdâtre à cossirite 4601

Pantin (Marne de), Marnes blanches .. 3 G ^{2} 4602

Paposite, sulfate ferrique hydraté 4603

Papyracés, (Schistes), bitumineux et feuilletés 4604

Parachlorites, chlorites Orthosilicatés 4605

Paraclase, Cassure avec rejet 4606

Paracolumbite, var. d'Ilménite 4607

Paradoxidien ...... 1 G $\frac{3}{1}$ 4608

Paradoxite, var. d'Orthose 4609

Paraffine naturelle $C^{30}H^{62}$ – P.S $^{0,94}_{0,97}$ – A $^{5}_{22}$ – C $^{15,18}_{8}$ 4610

Paragonite, $H^4Na^2Al^6Si^6O^{24}$, mica sodique A ^{46} C ^{3,12} 4611

Paragonite (Schiste à) Séricitеux à paragonite 4612

Paraïlménite, syn. de Paracolumbite 4613

Parallel roads, terrasses de gravier, 4 G ^{1} 4614

Paralogite. Wernerite à gr^{ds} crist. C $^{2}_{1}$ – d 7,6 4615

Paraluminite, var. de Webstérite 4616

Paramélaconite, oxyde noir de Cu, Σ ^{2} 4617

Parankérite, var. d'Ankerite 4618

Paranthine (3877^{2}, 3775) – P.S $^{2,63}_{2,79}$ – d $^{5}_{6}$ – A ^{42} Σ ^{2} – C var .. 4619

Parasite, alt. de Boracite 4620

Parastilbite, var. d'Épistilbite 4621

Parathorite, var. de Thorite 4622

Parc (Isère). Mont de Lans, 14.14 – 11-9-41 – Anthr. ... 4623

Pardoux la Rivière St (Dord.) 279^{H} 13-7-41 – Mn. ... 4624

Pargasite, hornblende vert pâle 4625

Paris-Auteuil (Seine) – 2 III – 3 G $\frac{1}{4}$ – 9° 11° 4626

Paris-Batignolles (Seine) – I – 3 G $\frac{1}{4}$ (gypse) – 15° ... 4627

Paris-Passy (Seine) – 3 III – 3 G $\frac{1}{4}$ (calc) 11° 4628

Parisien . . . . $3G\frac{1}{4}$ 4629
Parisite, fluocarbonate de Ce, La, Di Ca 4630
Parize-Châtel St (Nièvre) _ II _ $2G\frac{3}{}$ _ IV _ 4G _ 12°,5 . . 4631
Paroligoclase, silicate d'Al, Fe, Ca, Mg, Na, K 4632
Parophite, var. de pagodite 4633
Partschine, grenat _ Σ^5 _ 24 MnO, 14 FeO, 3 CaO _ P.S $\frac{4,01}{}$ d 6,5 . 4634
Partzite, oxyde hydr. de Sb, Cu, Ag, Pb, Fe 4635
Passauite, var. de Scapolite 4636
Pas de Calais (Pl. du) $2G\frac{5}{4}$ _ $2G\frac{6}{1}$ _ N.S. _ C^{19}_{19-20} 37 % 4637
Passyite, var. de silice impure 4638
Pastréite, var. de Raimondite 4639
Patagonien . . . . . . $3G\frac{1}{7}$ 4640
Pâte des Roches, magma de consolidation . . . 4641
Patérаïte, molybdate impur de Co 4642
Patrinite, $Pb^2Cu^2Bi^2S^6$ _ A^9 _ P.S $\frac{5,76}{}$ d $\frac{2,5}{}$ C $\frac{26}{}$ Σ^3 4643
Pattersonite, var. de Ripidolite 4644
Paturel (Isère) St Pierre, 252.20 _ 15 _ 1 _ 17 _ Fe . . . 4645
Paul de Cartas St (H.L.) 4 II _ $1G\frac{1}{}$ _ 11° 13°,7 . . . 4646
Paul et Valmate St (Hér.) 329 $\frac{H}{}$ 4 _ 5 _ 31 _ Lignite 4647
Paulétien . . . . $2G\frac{6}{1}$ 4648
Paulite, syn. d'Hypersthène 4649
Pauvray (S. et L.) Curgy _ 1048 $\frac{H}{}$ 17 _ 11 _ 33 _ houille 4650
Pazite, v. Pacite 4651
Péalite, var. de Geysérite 4652
Pearcéite, sulfo-arséniure d'Ag 4653
Pébidien . . . . $1G\frac{1}{}$ 4654
Péchairoux (Aude) Montjoi _ 67 $\frac{H}{}$ 25 _ 9 _ 48 _ Fe . . 4655
Pechblende $\left.\begin{matrix}U^3O^4\\U^5O^{12}\end{matrix}\right\}$ _ P.S $\frac{7}{9}$ _ d $\frac{5}{6}$ _ $\Sigma\frac{1}{}$ _ A $\frac{16,24}{}$ C $\frac{29}{30}$ . . 4656
Pecherz, syn. de Péchurane 4657
Pechgranat, v. Colophonite 4658
Pechkohle, Lignite compact 4659
Pechopal, var. d'Opale commune 4660
Pechtein, v. Résinite 4661
Péchurane, v. Pechblende 4662
Peckhamite, silicate météoritique de Fe, Mg 4663
Pectolite (Ca, Na^2, H^2) SiO^3 _ Σ^5 _ isom. de Wollastonite 4664
Péganite, phosph. hydr. d'Al 4665
Pegmatolite, Orthose commun, $C\frac{2}{5}$ et blanc jaunâtre 4666
Pegmatite. R. granit. dont {quartz, feldspath, cristall. ensemble 4667
Pegmatite (suite) R. à mica blanc à grandes parties 4668
Pegmatite graphique, (quartz dessin. écr. hébraïque) 4669
Pegmatitique (text), des R. précédentes, à 2 coul. polaris. 4670
Pegmatophyre, pegmatite porphyrique 4671
Pélagiques (dépôts) de haute mer 4672
Pélagites, nodules ferro-Mn du fond du Pacifique . . 4673
Pélagosite, incrustation calc. d'orig. marine 4674
Pelé (cheveux de) filaments écumeux des laves 4675
Pelhamine, alt. d'Asbeste ou serpentine 4676
Pelhamite, var. de Jeffersite 4677
Pélicanite, var. de Cimolite 4678
Pélion, cordiérite bleue, C^{20} violacée 4679
Pélites, Schistes noirs 4680
Péloconite, var. de Lampadite 4681
Pélolithique, formation argileuse du $2G\frac{4}{2,3,4}$ . . . 4682
Pélosidérite, var. de Sphérosidérite 4683
Pelvoz (Savoie), Chermignon, 1405 $\frac{H}{}$ 5 _ 5 _ 66 _ Pb, Cu . . 4684
Penay (Savoie), Petit Coeur, 400 $\frac{H}{}$ 1859 _ Pb, Ag . . . 4685
Pencatite, syn. de Prédazzite 4686
Pendage, inclinaison des filons 4687
Pénéen, syn. de Permien 4688
Pénéplaines, continents définitivt érodés 4689
Penfieldite, oxychlorure de Pb 4690
Penjabien . . . . $1G\frac{6}{3}$ 4691
Pennes (B. du R.) 855 $\frac{H}{}$ 3 _ 4 _ 89 _ Lignite 4692
Pennine (Chaîne) Relief du Mountain Limestone . . . 4693
Pennine, v. Penninite 4694
Penninite $H^{10}Mg^7Al^2Si^4O^{23}$ _ P.S $\frac{2,61}{2,84}$ _ $d\frac{2,5}{3}$ _ $\Sigma\frac{5}{}$ _ $A\frac{28}{42}$ _ $C\frac{16,23}{18}$. 4695
Pennite, hydrodolomie nickelifère 4697
Pennsylvanien . . . . . $1G\frac{5}{1}$ 4698
~~Pentaclasite, syn. de Pyroxène~~ 4699
Pentamères (calc. à (à Pentamerus) du $1G\frac{3}{3}$ . . 4700
Pentlandite, Fe^2NiS^3 _ P.S $\frac{4-6}{}$ $d\frac{3,5}{4}$ C $\frac{26}{}$ $\Sigma\frac{1}{}$ 4701
Penwithite, silicate hydr. de Mn 4702
Péperino, tuf bréchiforme brun foncé 4703
Pépérites, tufs bréchiformes basaltiques 4704
Pépites, masse d'Or natif 4705
Péplolite, alt. de Cordiérite 4706
Péponite, var. de Trémolite 4707
Perche (sables du) ferrugineux du $2G\frac{6}{1}$ 4708
Percylite, var. de Cumengéite _ P.S > 5 4709
Perdoux-Soulié St (Lot) Viazac, 1733 $\frac{H}{}$ 9 _ 6 _ 60 _ houill. 4710
Pereire (Isère) Laffrey _ 208 $\frac{H}{}$ 19 _ 1 _ 49 _ Zn, Pb, Cu . 4711
Périclase, MgO _ P.S $\frac{3,67}{}$ d $\frac{6}{}$ $\Sigma\frac{1}{}$ _ A $\frac{42}{}$ $C\frac{18}{22}$ 4712
Péricline, var. commune d'Albite maclée . . . 4713
Péridot, form. génér. $(Mg, Fe, Mn)^2SiO^4$ $\Sigma\frac{3}{}$ 4714
Péridotites, R. granitoïde sans feldspath à Péridot 4715
Péristérite, var. d'Albite irisée 4716
Perlite, var. de feldspath vitreux 4717
Perlitique (textur.) à fentes lenticul. ou spiralif. . . 4718
Permien . . . . . . $1G\frac{6}{1,2,3-4-5}$ 4719
Permo-Carbonifère . . . $1G$ _ 5 _ 6 4720
Perofskite, v. Perowskite 4721

Peronnière (Loire) Grand Croix, 79ᴴ 13-1-42 houille 4723
Perowskite, $CaTiO^3$ P.S $\frac{3,99}{4}$ d $\frac{5,5}{}$ $\Sigma^{1,3}$ C^{30}_{29} 4724
Persbergite, alt. de Néphéline 4725
Perthite, Aᵈ d'Orthose et d'Albite 4726
Perrecy les Forges (S. et L.) 3930ᴴ 11-7-33 houille 4727
Perrières (Calvados) 1460ᴴ 9-8-01 Fe 4728
Perrigny (Jura) 731ᴴ 4-7-92 sel 4729
Perrigny (Jura) IV-2 G^{1} 14° 4730
Perrins (S. et L.) Blanzy 459ᴴ 11-7-33 houille 4731
Pervons (H.A.) Monêtier 1164ᴴ 7-7-69 anthr. 4732
Pésilite, Rhodonite Braunitense 4733
Pétalite $Li^2AL^2Si^8O^{20}$ P.S $\frac{2,39}{2,56}$ d $\frac{6,5}{}$ Σ^{5} $C^{1,3,16}_{22,6}$ 4734
Petchorien . . . . 2 G^{4}_{5} 4735
Petite Chaume (S. et L.) Igornay, 280ᴴ 25-7-55 Sch. bit. 4736
Petits Châteaux (S. et L.) Sᵗ Eugène, 733ᴴ 17-11-33 houil. 4738
Pétrole C^nH^{2n+2} P.S $\frac{0,94}{0,17}$ A $\frac{6}{4}$ $C^{1}_{13,15}$ 4739
Pétrosilex, R. d'Orthose compacte amorphe . . . 4740
Pétrosiliceuse (text.) amorphe et cristallin. mél. . . 4741
Pettkoïte, var. de Voltaïte 4742
Pétunzé, var. d'Orthose 4743
Petzite, tellurure à 25 % d'Or, P.S 9 4744
Peychagnard (Isère) Susville, 288ᴴ 10 Brum. XIV anthr. 4745
Peypin-Sᵗ-Savournin (B.d.R.) 680ᴴ 1-7-09 lignite 4746
Peypin-Sᵗ-Savournin (B.d.R.) 1009ᴴ 9-7-93 ligni. 4747
Peyrat (Ariège) 2 IV-3 G^{1} 16-20 4748
Peyrebrune (Tarn) Montredon, 1088ᴴ 18-7-81 Cu, Pb, Ag. 4749
Pfaffite, var. de Jamesonite 4750
Phacelite, syn. de Kaliophilite 4751
Phacolite, Chabasie lenticulaire maclée . . 4752
Phæactinite, alt. d'Amphibole 4753
Phæstine, alt. de Bronzite 4754
Pharmacochalcite, syn. d'Olivénite 4755
Pharmacolite, $H^{12}Ca^2As^2O^{13}$ P.S $\frac{2,64}{2,73}$ Σ^{5} A^{916}_{42} $C^{3,22}_{5}$ 4756
Pharmacopyite, syn. de Löllingite 4757
Pharmacosidérite, $H^{30}Fe^8As^6O^{42}$ P.S $\frac{2,9}{3}$ d $\frac{2,5}{}$ Σ^{1} C^{18} . . 4758
Phénacite, GL^2SiO^4 P.S $\frac{2,96}{3}$ d $\frac{7,5}{8}$ Σ^{4} A^{53}_{57} $C^{1,24}_{11}$ . . . 4759
Phengite, (Muscovite)^3+$Si^{10}H^8O^{24}$ C^{1} 4760
Phenakite, v. Phénacite 4761
Philadelphite, var. de Jefferisite 4762
Philbert Sᵗ (Vendée) Sᵗ Maurice, 655ᴴ 24-7-75 houil. bit. 4763
Phillipite, sulfate hydr. de Fe, Cu 4764
Philipsite, (zéolite) v. Christianite 4765
Philipsite (érubescite), v. Erubescite 4766
Phlogopite, mica magnésien sans fer Σ^{3} P.S $\frac{2,71}{2,97}$ d $\frac{2,5}{}$ C^{17}_{8} 4768
Phœnicite, $Pb^3Cr^2O^9$ A^{12} Σ^{3} C^{6} 4769
Phœnicochroïte, Phœnicite 4770
Pholérite, kaolin écailleux, A^{45} Σ^{4} C^{2}_{3} 4771
Photidolite, silicate hydr. de K, AL, Fe, Mg 4772
Phonite, var. d'Eléolite 4773
Phonolite, trachyte à néphéline 4774
Phosgénite ($PbCl$)$^2CO^3$ Σ^{2} P.S $\frac{6,31}{6}$ d $\frac{2,75}{3}$ $C^{1,3}_{11}$ A^{41} . . 4775
Phosphammite, phosphate hydr. d'Am. 4776
Phosphammonite, v. Phosphammite 4777
Phosphocérite, phosph. de Ce, Di 4778
Phosphochromite, var. de Vauquelinite 4779
Phosphorite, apatite $A^{24,22,55}_{16,17}$ $C^{3,2}_{16,22}$ 4780
Phosphorochalcite, v. Lunnite 4781
Phosphoruranylite, phosphate hydr. d'U, Pb 4782
Phosphosidérite, phosphate hydr. de Fe 4783
Phosphyttrite, syn. de Xénotime 4784
Photicite, Photizite, var. de Rhodonite 4785
Phototite, syn. de Pectolite 4786
Phtanite (et suiv.), silex noir 4788
Phthanite grès schisteux siliceux noir (plaquettes) 4789
Phycodes (couches à) . . . . . . 1 G^{3}_{1} 4790
Phyllade, Schistes laminaires 4791
Phyllade granulitisé, schiste injecté de granulite . . . 4792
Phyllade noduleux, métamorph. par le granit. . . 4793
Phyllite, var. de Chloritoïde $A^{33,17}_{16,20}$ 4794
Phyllites, Schistes hercyniens micacés 4795
Phyllorétine, var. de Fichtelite 4796
Physalite, syn. de Topaze 4797
Phytocollite, var. gélatin. de Lignite 4798
Piauzite, résine fossile 4799
Pichiquet (Aveyron) Najac, 1764ᴴ 8-3-41 Cu, Pb . . . 4800
Picite, phosphate hydr. de Fe 4801
Pickeringite, $MgSO^4AL^2S^3O^{12}$ 24H^2O A^{2} Σ^{5} $C^{3,4}$ 4802
Picotite, (spinelle) $MgCr^2O^3FeO$ Σ^{1} C^{15}_{24} A^{51} 4803
Picranalcime, analcime manganésifère 4804
Picrite, syn. de Dolomie 4805
Picrites, R. diabases péridotites à olivine sans feldsp. 4806
Picroallumogène, var. de Pickeringite 4807
Picroépidote, var. Magnés. d'Épidote 4808
Picrofluite, var. de Serpentine 4809
Picrolite, Chrysotile en A^{2} elliptiques, A^{25} 4810
Picroméride, $H^{12}K^2Mg S^2O^{14}$ Σ^{5} $C^{1,4}$ 4811
Picromérite, v. Picroméride 4812
Picropharmacolite, pharmacolite à Mg 4813
Picrophylle, Talc pyroxénique alt. 4814
Picrosmine, $H^2Mg^2SiO^7$ Σ^{3} P.S $\frac{2,55}{2,58}$ d $\frac{3}{4}$ C^{17} A^{10}_{11} . . 4815
Picrotanite, Ilménite magnésienne 4816
Picrotitanite, v. Picrotanite 4817

Picrotéphroïte, téphroïte magnésifère 4818
Picrothomsonite, thomsonite à Mg 4819
Pictite, var. de Sphène verdâtre de la protogine . . . 4820
Piddingtonite, Anthophyllite météoritique 4821
Piedicroce (Corse) – III – 1 G^{1-4} 15° 4822
Piemontite, $H^2(Ca\,Mn)^4(Mn^2,Al^2,Fe^2)^3Si^6O^{26}$ $PS^{3,4}$ – d^5 – C^6_8 . . . 4823
Pienne (M. et M.) Mairy, 862 ^{H} 20–3–00 – Fe 4824
Pierre St (P.O.) Corsavy, 12 ^{H} 31–3–32 Fe 4825
Pierre St (A.M.) Péone, 395 ^{H} 25–3–60 – Pb 4826
Pierre-Argençon St (H.A.) – III – 2 G^4_2 – 13° 4827
Pierre Becqua St (Savoie) Bozel, 177 ^{H} 5–2–78 – Anth. 4828
Pierre Chatel St, v. St Théoffrey 4829
Pierre la Cour St (May.) 905 ^{H} 20–11–23 – houille . 4830
Pierre-Entremont St (Savoie) – I – 2 G^4 9° 4831
Pierres (groupe des) R. et gangues dépourv. de minerai. 4832
Pierrefitte (H.P.) Cauterets 4201 ^{H} 12–1–56 – Pb, Cu, Zn. 4833
Pierrefonds (Oise) – I – III – 3 G^1 10 4834
Pierre-Grosse (H.A.) Monêtier, 231 ^{H} 7–3–63 – Anthr. . 4835
Pierre-morte (Ardèche) Castillon, 559 ^{H} 29–7–41 – Fe . 4836
Pierre-plate (Isère), Vizille, 74 ^{H} 9–8–48 – Fe . . 4837
Pierre-Roubey (Isère) Theis, 110 ^{H} 12–3–56 – Fe 4838
Pierre-Rousse (Isère) Vizille, 198 ^{H} 4–12–49 – Zn, Pb, Cu 4839
Pierrevert (B.A.), 462 ^{H} 27–9–42 – Lignite . . 4840
Pierre d'aimant, magnétite magnétipolaire 4841
Pierre de Bologne, barytine globuleuse radiée . . 4842
Pierre de Croix, staurotide en croix grecque . . . 4843
Pierre de Lune, var. de gypse ou d'orthose nacrée . 4844
Pierre de Savon, var. d'antigorite (Saponite) . . . 4845
Pierre de Soleil, orthose aventuriné par oligiste . . . 4846
Pierre de Touche, (silex) jaspe noir 4847
Pierre de tripes, barytine concrétionnée 4848
Pierre des Amazones, var. de Microline C^{17} . . . 4849
Pierre ollaire, mel. de talc, chlorite, mica, asbeste. 4850
Piesoclase, faille sans rejet formée par compression 4851
Pigère-Mazel (Ardèche) Banne, 191 ^{H} 16–5–22 – houill. 4852
Pigotite, humate hydr. d'Al 4853
Pihlite, var. de Muscovite 4854
Pilarite, var. de Chrysocolle alumineuse . . . 4855
Pilinite, silic. hydr. d'Al, Ca, Di 4856
Pilite, hornblende pseudom. d'Olivine 4857
Pilolite, var. de Liège de Montagne 4858
Pilotaxitique (text.) très cristall. et fluidale . . . 4859
Pitsénite, syn. de Wohrlite 4860
Pimélite, $34SiO^2$, $5NiO$, $5Al^2O^3$, $21H^2O$ – A^{24}_{25} – C^{16} . . . 4861
Pin le (Gard), 647 ^{H} 5–3–33 – Lignite 4862
Pinaciolite, borate de Mg, Mn 4863
Pinèdes (Gard) Castillon 503 ^{H} 13–1–55 – houille. 4864
Pinguite, var. de Nontronite 4865
Pinite, var. de Cordiérite A^{24}_{37} – C^{22}_{24} – d^3_3 – $PS^{2,7}_{2,9}$ . . 4866
Pinitoïde, silicate hydr. d'Al, Fe, alcal 4867
Pinnoïde, borate hydr. de Mg 4868
Pinolite, var. de Dolomie 4869
Pinols (H.L.) 577 ^{H} 2–2–99 – Pb, Ag, Zn, Or . 4870
Pinouse-Sarrat (P.O.) Velmanya 103 ^{H} 26–7–44 – Fe. 4871
Piolenc (Vaucluse) 1618 ^{H} 20–7–07 – Lignite . . 4872
Pioulla (Isère) St Pierre, 30 ^{H} 11–5–33 – Fe 4873
Piotine, var. de Saponite 4874
Pirssonite, carbon. hyd. Σ^3 de Ca Na 4875
Pisanite $H^{14}(Cu,Fe)So^{11}$ – Σ^5 – C^{18}_{20} 4876
Piscicu (Savoie) Pesey, 400 ^{H} 3–11–56 – Pb, Ag . . . 4877
Pisolithos, concrétions de la grosseur d'un pois . . 4878
Pisolithique (Calc.), syn. Oolithique 4879
Pissasphaltes, v. Malthe 4880
Pisse-loup (H. Saône) Francourt, 49 ^{H} 3–10–56 – Fe . 4881
Pissophane, sulf. hyd. de Fe avec Al 4882
Pistacite, v. Pistazite 4883
Pistazite, Epidote vert pistache 4884
Pistomésite, $MgCO^3$, $FeCO^3$ – $PS^{3,42}_{3,43}$ – d^4 – Σ^4 – A^{12} – C^{22}_{13} 4885
Pithiviers (Loiret) – 2 III – 3 G^2 8° 4886
Pitkärandite, var. de Pyrallolite 4887
Pitticite, v. Pittizite 4888
Pittinite, var. de Pechurane 4889
Pittizite, var. de Sidérétine sulfurée 4890
Pizons (Nord) Fourmies, 122 ^{H} 12–10–41 – Fe 4891
Placers, alluvions aurifères 4892
Placodine, sous arséniure de Ni 4893
Plagiocitrite, sulfat. hyd. de Al, Fe, Ni, Ca, alcal . . 4894
Plagioclase, felds. r. Σ^6 V. 130 – 1006 – 3477 – 268 – oligocl. 4895
Plagionite, antimonio-sulfure de Pb 4896
Plagiophyre, porphyrite à oligoclase 4897
Plagne (Savoie) Mâcot, 405 ^{H} 3–11–56 Pb, Ag . . 4898
Plaine (L. Inf.) – III – 1 G^4 (mispickel) – 15° . . . 4899
Plaine St Pancrace (H.A.) Villard, 271 ^{H} 17–2–66 – Anth. 4900
Plaines (B.A.) Villeneuve, 498 – 27 – 1 – 44 Bitum. 4901
Plaisancien . . . . . 3 G^7 4902
Plamores (Allier) Buxières, 1017 ^{H} 21–4–58 – Sch. bit. 4903
Plamores (Allier) Buxières, 1017 ^{H} 21–4–58 – houill. 4904
Plan (H. Gar.) – III – 4 G – 15° 4905
Planaimont (Savoie) Aisne, 150 ^{H} 28–10–63 – Anthr. 4906
Plan d'Arc (Savoie) St Michel, 336 ^{H} 1–10–54 anthr. 4907
Plan d'Aups (Var), 886 ^{H} 23–12–29 – Lignite . . . 4908
Plan Chaney (Isère) Allevard, 29 ^{H} 15–1–17 Fe. 4909

Plan Fol (Isère) Chapelle-Bard, 316^H 15_1_17_ Fe.. 4910
Planérite, var. impure de Wavellite 4911
Planganaz (Savoie) Macôt, 16^H 18_10_42_ Anth. 4912
Planioles (Lot) Viazac 282^H 27_2_86_ Zn, etc... 4913
Planque (Aveyron) Laissac, 203^H 30_7_23_ houille.. 4914
Planquette (Aveyron) Cransac 423^H 27_6_55_ houille.. 4915
Planta (Savoie) Macôt, 61, 20_15_4_80_ Anthr..... 4916
Plasma, calcédoine vert foncé 4917
Plat de Gier (Loire) G^{de} Croix, 235^H 9_3_60_ houill.. 4918
Plateures, régions peu inclin. des dressants.... 4919
Platine, Pt_P.S $\frac{17}{18}$_d $\frac{4,5}{3}$_Σ^1_C $\frac{25}{28}$ 4920
Platiniridium _Σ^1_ P.S 17 4921
Plattenkalk .... 2G $\frac{1}{3}$ (calc. en plaquettes... 4922
Plattnérite, PbO^2_P.S 8,5_C^{30} (très rare) 4923
Pleistocène ..... 4G $\frac{1}{1}$2 4924
Pleistoséistes, Courbe limite du Mouv. seismique 4925
Plénargyrite, sulfure d'Ag, Bi 4926
Pléonaste, Spinelle noir à 17 % Mgo, 14 % Feo 4927
Pléonectite, arsénio-antim^{te} de Pb, avec Cl 4928
Pléris (Isère) Mont-Sans, 16^H 6_2_10_ houille... 4929
Plessis (Manche), 4761^H 13_3_28_ houille 4930
Plessite, Disomose ferrifère 4931
Pleta, calc. à Orthocéras du 16^3 Russe 4932
Pleurasite, arséniure de Mn, Fe, etc 4933
Pleuroclase, syn. de Wagnérite 4934
Plicatules (argile à) .... 2C $\frac{1}{3}$ 4935
Pliniane, var. de Wiepickel 4936
Plinthite, var. de Sinopite 4937
Pliocène .... 3G $\frac{4}{1}$,2,3 4938
Plomb, Pb_P.S 11,44_d 1,5_Σ^1_A^{40} C $\frac{25}{28}$_ malléable 4939
Plomb antimonié sulfuré, syn. de Boulangerite..... 4940
Plomb arséniaté, syn. de Mimétèse 4941
Plomb blanc, v. Cérusite 4942
Plomb brun, pyromorphite brune 4943
Plomb carbonaté noir, mél. de Cérusite et de C... 4944
Plomb chromaté, v. Crocoïse 4945
Plomb corné. v. Phosgénite 4946
Plomb jaune, Wulfénite jaune de miel..... 4947
Plomb molybdaté, syn. de Wulfénite 4948
Plomb oxychloroioduré, V. Schwartzembergite 4949
Plomb phosphaté, syn. de pyromorphite 4950
Plomb rouge, v. Crocoïse 4951
Plomb sulfaté, syn. d'Anglésite 4952
Plomb sulfato-tricarbonaté, v. Léadhillite 4953
Plomb sulfuré v Galène 4954
Plomb sulfuré antimonieux, V. Jamesonite 4955
Plomb vanadaté, syn. de Vanadinite 4956
Plomb vert, pyromorphite verte 4957
Plomb vert arsénical, syn de Mimétèse 4958
Plombagine, v. Graphite 4959
Plombgomme, $Pb^3P^2O^8_2.6(Al^2O^3,3H^2O)$_P.S $\frac{6,4}{4}$_d $\frac{4}{5}$_A $\frac{16,17}{19,20}$ C $\frac{11,15}{18,24}$ 4960
Plombiérite, Wavellite hydratée 4961
Plomballophane, Allophane plombifère 4962
Plumbeine, Galène pseudom. de Pyromorphite ... 4963
Plumbiodite, v. Schwartzembergite 4964
Plumboaragonite, Carbonate de Ca et Pb 4965
Plumbobinnite, syn. de Dufrenoysite 4966
Plumbocalcite, Carbonate de Ca et Pb 4967
Plumbocuprite, Galène et Chalcosine 4968
Plumboferrite, spinelle de Fe, Mn, Pb 4969
Plumbogummite, syn. de Plombgomme 4970
Plumbomanganite, sulfure de Mn, Pb 4971
Plumbonacrite, syn. d'Hydrocérusite 4972
Plumborésinite, syn. de Plombgomme 4973
Plumbostannite, antimoniosulfure de Pb, Sn, Fe... 4974
Plumbostibnite, var. de Boulangérite 4975
Plumosite, Jamesonite capillaire 4976
Plutoniques (roches), R. granitoïdes 4977
Pluviaire (époque) employé pour ép. glaciaire .. 4978
Plynthite, v. Plinthite 4979
Plombières (Vosges_III_14 IV_1G^1 11^d 70° ... 4980
Plo-Fougasses (Her.) Livinière, 379^H 24_7_57_ Lign... 4981
Pochonnière (Allier) 635_30_6_60_ houille 4982
Poecilien .... 2G $\frac{1}{1}$,2,3,4 4983
Poederlien .... 3G $\frac{4}{2}$ 4984
Poggiolo (Corse), 1_ 1G^1_ 55° 4985
Poikilite, syn. d'Erubescite 4986
Poillé (Sarthe) 837^H 20_6_41_ Anthr 4987
Poipe (Isère) Reventin, 630^H 12_2_48_ Zn, Pb. 4988
Poisot (Saône et L.) Taverney, 638^H 17_12_1856 Sch. bitum. 4989
Polandien .... 4G^2 4990
Polder, argile des lagunes du VIIIe siècle 4991
Polianite, MnO^2_P.S $\frac{4,7}{5}$_d $\frac{6,5}{7}$_Σ^2_C $\frac{29}{30}$_P 12 4992
Poligny (Jura), 1395^H 15_2_94_ Sel 4993
Pollucite, V. Pollux 4994
Pollux, Pétalite + silicate de Al, Cs, Li_Σ^1 4995
Polroy (S. et L.) Selle, 354^H 1_2_89_ houille 4996
Polyadelphite, var. de Mélanite 4997
Polyargite, alt. d'Anorthite 4998
Polyargyrite, antimonio-sulfure d'Ag 4999
Polyarsénite, syn. de Sarkinite 5000
Polybasite, $Ag^6SbS^6 + \frac{8}{9}(Ag,Cu)^2S$_P.S $\frac{6,2}{6}$_d $\frac{2,5}{2}$_Σ^3_P 12_C $\frac{29}{30}$ 5001

Polychroïlite, V. Polychroïte 5002

Polychroïte, var. de Cordiérite, Σ^3 P.S $\frac{2,7}{}$ d $\frac{3,5}{3}$ 5003

Polychrome, syn. de Pyromorphite 5004

Polycrase, titaniob. de Ce, Y, Th, La, Di, Fe, Ca, P.S $\frac{5,1}{5,2}$ d $\frac{4,5}{}$ Σ^3 .. 5005

Polydymite, syn. de Beyrichite 5006

Polyhalite 2CaSO^4, K^{2}SO^4, MgSO^4, 2H^{2}O P.S $\frac{2,76}{}$ d $\frac{2,5}{3}$ C^6 A^8 ... 5007

Polyhydrite, silicate très hydraté de Fe 5008

Polylite, var. noire de Pyroxène 5009

Polylithionite, var. de Zinnwaldite 5010

Polymignite, titano-zirconate de Fe, Ca, Y, Ce etc. Σ^3 .. 5011

Polypiers (Calc.) médiojurassique 5012

Polysidères, météorites à fer grenaillé 5013

Polysphérite, var. de Pyromorphite 5014

Polytélite, var. argentifère de Panabase 5015

Polyxène, syn. de Platine natif 5016

Pomme (Loire) St Joseph. 70^H 26–10–25 – houille .. 5017

Pommiers (Isère). 402^H 27 11 . 50 – Lignite ... 5018

Pompey (M. et M.), 127^H 20–2–61 – Fe 5019

Ponce, obsidienne spongieuse 5020

Pons St (Hér.) 252^H 18–5–44 – Fe 5021

Pont du Jas (B. d. R.) Fuveau, 134^H 29–5–43 – Lignite. 5022

Pont de Barret (Drôme) – IV – 2G $\frac{5}{1}$ 11° 5023

Pont-Besnier (Sarthe). v. Sablé 5024

Pont Cerasson N° 1 (H. Savoie) Chilly 14^H 29–6–38 – Asph. .. 5025

Pont Cerasson N° 2 (H. Savoie) Frangy, 36^H 23–5–40 – Asph. 5026

Pont Château E (P. d. D.), 105^H 25–9–43 – bitum. ... 5027

Pont Château O. (P. d. D.), 182^H 25–9–43 – bitum. ... 5028

Pont d'Isser (Oran) – IV – 3G $\frac{3}{2}$ – 38° 5029

Ponte Leccia (Corse) Morosaglia, 1665^H 25–8–61 – Cu – 5030

Pontien .... 3G $\frac{3}{5}$ 5031

Pontpéan (Il. et Vil.) Bruz, 860^H 21–1–29 – Pb, Zn, Ag. . 5032

Pont St Phlin, (M. et M.) Laneuveville, 562^H 5–8–72 – Sel. 5033

Pont Saussaz (Savoie) St Michel, 275^H 14–8–53 – Anthr. . 5034

Pontvieux (P. d. D.) Tauves, 940^H 9–7–47 – Or, Argent .. 5035

Poonahlite, var. de Scolésite 5036

Porcelanite, R. calcinée par métam. de contact ... 5037

Porcellanite, syn. de Passauite 5038

Porcellophite, var. de Serpentine 5039

Porchère (Loire) Villars, 1061^H 12–5–25 – houille .. 5040

Porpézite, alliage d'or et de Palladium 5041

Porphyre à Ouralite, var. d'augitophyre 49 % SiO^2. 5042

Porphyre bleu turquin, dacite holocrist. microcrist. 5043

Porphyre brun, orthophyre quartz à magnétite. 5044

Porphyre diabasique, R. à plagioclase et d'augite. 5045

Porphyre globulaire, Eurite calcédon. 5046

Porphyre granitoïde, R. à grain fin à pâte micropegm. 5047

Porph. microgranulitique, faciès préad. au microscope. 5048

Porph. molaire, liparophyre à géod. calcédon. .. 5049

Porph. noir, orthoph. quartz à magnétite 5050

Porph. pétrosiliceux, felsophyr. C $\frac{23}{24}$ à text. trachyt. . 5051

Porph. quartzifère, R. acide à pâte holocristalline. 5052

Porph (id.. suite) = Elvan, granitoph. granuloph. 5053

Porph. rouge antique, porphyrite très acide ... 5054

Porph. syénitique. Orthophyres (typ: Porph. des Syénites) 5055

Porph. vert antique. R. basique C^{18} hypocrist. ... 5056

Porphyrique (text). holocristall. porphyroïde 5057

Porphyrite, andésite neutre plagioph. fluidale ... 5058

Porphyrite micacée, Porphyr. andés. basaltique. C^{23} ... 5059

Porphyrite quartzifère, R. Plagioph. verte euritique. 5060

Porphyroïde (text) 2 temps de consolidation 5061

Porphyroïdes. R. porphyr. métamorphiques 5062

Porricine, var. de Pyroxène 5063

Porrots (S. et L.) Cuzy. 1651^H 22–4–33 – houille ... 5064

Porte de France (Calc. de) Argile noir P. à Ciment .. 5065

Portes-Comberedonde (Gard) 665^H 21–4–52 – Fe ... 5066

Portes-Sénéchas (Gard) Vernarède. 724^H 20–11–64 – Fe 5067

Portes-Sénéchas (Gard) Vernarède; 908^H 19–10–1784 – houi. 5068

Portet de Luchon (H. G.). 125^H 1–10–66 – Mn 5069

Portieux (M. et M.) Dombasle, 450^H 23–11–75 – Sel 5070

Portite. alt. de Cordiérite 5071

Portland (Ciment). Cim. anglais estimé (à prise lente) 5072

Portlandien .... 2G $\frac{4}{5}$ 5073

Posepnyte, résine fossile 5074

Posidonies (Marnes ou calc.) Toarcien. 2G $\frac{2}{3}$ ... 5075

Postdamien ...... 1G $\frac{3}{3}$ 5076

Poubeau (H. G.) 272^H 5–12–97 – Antim. ... 5077

Poudingues, brèche à fragments roulés 5078

Poudingues gneissiques, sédiments métam. par le granit 5079

Poudingues pourprés quart. Cg lydienne C^{23} dans pâte C$^5_8$ 1G $\frac{1}{}$ 5080

Pouech (Ariège) Aulus, 2694 – 29–8–63 – Pb, Ag ... 5081

Pouget (Aveyron) Ste Eulalie, 154 – 25–6–62 – Houill. 5082

Pougues (Nièvre) – 6 IV – 2G $^{3-4}$ ... 12° .. 13°8 .. 5083

Pouilley-Vignes (Doubs). 386^H 11–11–89 – Sel ... 5084

Pouillon (Landes) – IV – 2G^1 5085

Pourraciers (A. M.) Coudon, 494^H 26–8–81 – houill. 5086

Pouzangue (Aude) Villardebelle, 295^H 29–6–39 – Mn. 5087

Pouzols (Aude), 2535^H 16–6–30 – Lignite 5088

Pouzzolane Ciment d'origine volcanique 5089

Poyols (Drôme) .... IV – 2G $\frac{4}{2}$ .... 14° – 15° .. 5090

Pozat- (Landes) Gaujacq 16.23 – 19–4–44 – Bitum. 5091

Powellite, molybdotungstate de Ca 5092

Prabis (Nièvre). Laroche, 2·· 30–30–6–96 – Py, Fe. 5093

Prades (Ardèche) _ II _ 1 G^1 _ 9°.5 _ 15° 5094
Prades (H.L.) _ II _ 1 G^1 15° 5095
Prades-Nièglès (Ardèche) 1836^H 6 _ 8 _ 83 _ houille 5096
Praira (H.A.) Puy, 128^H 10 _ 3 _ 80 _ Anthr 5097
Pramorel (H.A.) Briançon, 118^H 26 _ 3 _ 31 _ Anthr 5098
Prannes (Var) Châteaudouble, 27.82 _ 9 _ 8 _ 97 _ Fe 5099
Prase, quartz vert poireau avec Actinote 5100
Prasëolite, var. de Cordiérite prism. 5101
Prasilite, var. de Chlorophacite 5102
Prasine, syn. d'Ehlite 5103
Prasochrome, var. de Calcaire à Cr 5104
Prasolite, var. fibreuse de Chlorite 5105
Prato (Corse) Barbaggio, 135^H 29 _ 12 _ 40 _ Pb 5106
Prats de Mollo (P.O.) _ 3 I _ 1 G^1 43° 5107
Prazin Calcite, v. Prasine 5108
Précambrien 1 G^2 5109
Prechacq (Landes) _ I _ IV _ 2 G^{6-6} 18° 58° 5110
Predazzite, Brucite calcaire 5111
Pregrattite, var. de Paragonite 5112
Prehnite, $H^2Ca^2Al^2Si^3O^{12}$ _ P.S $^{2,95}_{2,8}$ _ d^7_6 _ Σ^3 _ C^{16}_{1} _ A^{42} 5113
Prehnitoïde, var. de Dipyre 5114
Prelles (H.A.) St Martin, 49^H 25 _ 11 _ 32 _ Anthr 5115
Près (Drôme) 1021^H 24 _ 4 _ 93 _ Zn, Pb 5116
Prétermont (Isère) Allevard, 285^H 8 _ 6 _ 27 _ Fe 5117
Priabonien 3 G^1_7 5118
Pricéite, 49 B^2O^3; 31,8 CaO; 18,2 H^2O _ $C^{1,2,4}$ A^{24}_{25} _ Σ^5 5119
Priest St (Ardèche), 650^H 10 _ 2 _ 49 _ Fe 5120
Priest St Bramefant (P.d.D.) _ 4 II _ 3 G . 12° 13° 5121
Priest des Champs St (P.d.D.) _ IV _ 1 G _ 8° 5122
Priest-Roche St (Loire) _ II _ 1 G^{1-5} 12° 15° 5123
Prilépite, var. d'Allophane 5124
Primitif (terrain) Substratum des format. géolog. 1 G^1. 5125
Prismatine, silic. d'Al, Mg 5126
Prixite, arséniate hydraté de Pb 5127
Prochlorite, syn. de Ripidolite 5128
Prodelles (Cantal) Champagnac, 601^H 20 _ 7 _ 41 _ houill. 5129
Froidonite, fluorure de Silicium 5130
Prolectite, var. de Chondrodite 5131
Promenade (Sarthe) Asnières, 882^H 25 _ 12 _ 61 _ Anthr. 5132
Promeyrat (H.L.) St Cirgues, 287^H 21 _ 6 _ 77 _ Pb, Ag, Anti. 5133
Prompsat (P.d.D.) _ II _ 1 G _ 15° 5134
Propiac (Drôme) _ IV _ 2 G^2 16° 5135
Propières (Rhône), 598 _ 23 _ 7 _ 28 _ Pb, Ag. 5136
Propylite, andésite solfatarienne 5137
Prosopite, $CaFl^2$; $2Al^2(Fl, HO)^6$ _ P.S ^{2,89} $d^{4,5}$ Σ^5 _ C^2_{22} var. 5138
Proteïte, var. de Salite 5139
Protéolite, syn. de gneiss 5140
Protérobase, diabases dioritifères 5141
Protobastite, syn. d'Enstatite 5142
Protochlorites, chlorites les moins siliceux 5143
Protogine, granulite chloriteuse (Alpes) (Lévy) 5144
Protogine, pseudo - Protog. talqueuse (Pyrénées) (Hyvert). 5145
Protolithionite, mica à Li et Fe 5146
Protonontronite, silic. hyd. de Al, Fe, Mn, Mg 5147
Protovermiculite, var. de Chlorite 5148
Proustite $Ag^6As^2S^6$ _ P.S $^{5,6}_{5,6}$ _ $d^{2,5}_2$ _ Σ^4 _ C^{27} P^1 _ $A^{41,50}_{2}$ 5149
Provençal (Gard) Alais, 361^H 2 _ 9 _ 68 _ houille 5150
Provencien 2 G^6_2 5151
Provins (S. et M.) _ III _ 4 G _ 12° 5152
Prunelle (Isère) St Clair, 111^H 10 _ 8 _ 61 _ Lignite 5153
Prunières (Isère) 374^H 28 _ 8 _ 35 _ Anthr 5154
Prunnérite, Calcite impure violette Σ^1 _ C^{22}_{21} 5155
Przibramite, var. de Goethite 5156
Psammite, grès à ciment argileux micacé 5157
Psathurose, Psaturose, Ag^5SbS^4 _ P.S $^{6,2}_{6,3}$ _ $d^{2,5}_{2}$ Σ^3 _ C^{29}_{30} P^{12} 5158
Psathyrite, syn. de Xylorétine 5159
Pséphite, syn. de conglomérat grossier 5160
Pseudoalbite, syn. d'Andésine 5161
Pseudoandalousite, var. de Disthène 5162
Pseudoapatite, pseudom. de Pyromorphite 5163
Pseudoberzeliite, arséniate de Ca, Mg, Mn 5164
Pseudobiotite, alt. de Biotite 5165
Pseudoboléite, interméd. entre Boléite et Cumengéite 5166
Pseudobrookite, $2Fe^2O^3$; $3TiO^2$; titanate ferrique 5167
Pseudocampylite, var. de Pyromorphite 5168
Pseudochrysolite, syn. d'Obsidienne 5169
Pseudocotunnite, chlorure de Pb avec alcalis. 5170
Pseudodiallage, var. de Diallage 5171
Pseudogaylussite, alt. de Gay-Lussite 5172
Pseudoleucite, alt. de Leucite en Orthose Eléolitique 5173
Pseudolibethénite, phosphate hyd. de Cu 5174
Pseudolite, Talc pseudom. de Spinelle 5175
Pseudomalachite, v. Lunnite 5176
Pseudonatrolite, zéolite calcifère 5177
Pseudonéphéline, var. de Néphéline 5178
Pseudostéatite, Halloysite impure 5179
Pseudotridymite, Tridymite à densité de quartz 5180
Pseudotriplite, alt. de Triphyline 5181
Psilomélane, MnO^2 (MnO, BaO, H^2O) P.S $^{4,1}_{4,3}$ _ $d^{5,5}_{5}$ _ C^{24}_{25} _ P^7 A^{16} 5182
Psimythite, syn. de Leadhillite 5183
Psittacinite, vanadate hyd. de Pb, Cu 5184
Ptérolite, roche minéralisée à mica noir 5185

Ptilolite, silic. hydr. d'AL, K, Ca, Na 5186
Ptérocérien . . . . 2 G $\frac{4}{4}$ 5187
Puchérite, vanadate de Bi 5188
Pulférite, var. de stilbite sphérolithique 5189
Pumite, syn. de Ponce 5190
Purbeckien . . . . 2 G $\frac{4}{4}$ 5191
Publier (H. Savoie) – II – III – 3 G $\frac{4}{4}$ 8° – 12° . . . 5192
Puech (Gard) Allègre, 250^H 17 – 2 – 44 – Bitum. 5193
Puech-Bastide (Aveyr.) Laissac, 105^H 31 – 12 – 38 – houill. 5194
Pullus (Saône et L.) Vendenesse, 582^H 22 – 2 – 42 – houille . . 5195
Pulventeux (M. et M.) Rehon, 216^H 21 – 12 – 67 – Fe 5196
Puchokinite, Epidote bacillaire de l'Oural 5197
Putevilie (Isère) Pierre Châtel, 217^H 5 – 7 – 05 – Anthr. . 5198
Puy St André (H.A.) 103^H 28 – 12 – 37 – Anthr. . . 5199
Puy de la Bourrière (P. d. D.) Lempdes, 367^H 25 – 9 – 43 – Bitu. 5200
Puy Cros (H.A.) Monêtier, 210^H 25 – 9 – 78 – Anthr. . . 5201
Puy St Galmier (P. d. D.) 394^H 7 – 8 – 50 – houille . . . 5202
Puy Isoard (H.A.) St Chaffrey, 97^H 24 – 12 – 64 – Anthr. 5203
Puy les Vignes (H.V.) St Léonard, 1108^H 25 – 4 – 63 – Wolfra. 5204
Puy Merle (Aude) St Polycarpe, 180^H 16 – 6 – 76 – Cu . . . 5205
Puymorens (P.O.) Porta, 337^H 22 – 9 – 43 – Fe 5206
Puy St Pierre (H.A.) 134^H 29 – 3 – 34 – Anthr. . . 5207
Puyrioussant (Vendée) St Maurice, 299^H 1 – 10 – 33 – houill. 5208
Puy de Serre (Vendée) Faymoreau, 803^H 28 – 5 – 73 – 5209
Puy de Serre (Suite), Schist. bit. et fer spathique . . 5210
Pycnite, topaze bacillaire jaune rougeâtre . . . 5211
Pycnotrope, silic. hydr. d'Al, Mg, K, vois. de Serpentine 5212
Pyrallolite, alt. de Pyroxène 5213
Pyrantimonite, syn. de Kermésite 5214
Pyraphrolite, opale feldspathoïde 5215
Pyrargillite, var. de Cordiérite 5216
Pyrargyrite, Ag^3SbS^3 – P.S $^{5,75}_{5,85}$ – d $^{2,5}_{3}$ – Σ^4 A$^{53,41}_{57}$ – C$^{27}_{28}$ – P? . . 5217
Pyrauxite, syn. de Pyrophyllite 5218
Pyrénéite, grossulaire noire 5219
Pyrgome, var. de Fassaïte 5220
Pyrichrolite, syn. de Pyrostilpnite 5221
Pyrite, FeS^2 – P.S $^{4,83}_{5,2}$ – d $^{6,5}_{6}$ – Σ^1 – C^{26} – A$^{53}_{57}$ – P$^{9}_{11}$ . . . 5222
Pyrite de fer v. Pyrite 5223
Pyrite blanche. v. Marcasite 5224
Pyrite de Cuivre, v. Chalcopyrite 5225
Pyrite jaune, v. Pyrite 5226
Pyrite magnétique, v. Pyrrhotine 5227
Pyrite martiale, syn. de Pyrite jaune 5228
Pyrite rhombique, syn. de Marcasite 5229
Pyritolamprite, var. impure d'arséniure d'Ag . . . 5230
Pyroaurite, hydrate de Fe, Mg 5231

Pyrochlore, Nb^2O^5, CaO avec TiO^2 – Σ^1 – P.S $^{5,40}_{5,56}$ – d ^{5,5} – C^{41} A$^{42}_{43}$ 5232
Pyrochroïte, H^2MnO^2 – Σ^4 – A^{11} – C$^{4,23}_{24}$ 5233
Pyrochrotite, syn. de Pyrostilpnite 5234
Pyroclasite, mél. de Monétite et Monite 5235
Pyroconite, var. de Pachnolite 5236
Pyroguanite, var. de Guano durci 5237
Pyroïdésine, serpentine météorique 5238
Pyrolusite, MnO^2 – A^{10} – P.S $^{4,5}_{5,5}$ – d $^{2,5}_{2}$ – C$^{28}_{29}$ – P^{12} 5239
Pyromélane, var. d'Ilménite ou de Sphène 5240
Pyromeline, syn. de Morénosite 5241
Pyroméride, R. A$^{24}_{42}$ perlitique, violacée 5242
Pyromorphite, $Pb^5P^3O^{12}Cl$ – P.S $^{6,5}_{7,1}$ – d $^{3,5}_{4}$ – Σ^4 A$^{41,9}_{43,53}$ – C$^{16}_{24}$ 5243
Pyrope, $Mg^3Al^2Si^3O^{12}$ – P.S $^{3,7}_{3,8}$ – d ^{7,5} Σ^1 – A^{53} C$^{6}_{7}$ 5244
Pyrophane, var. d'Hydrophane 5245
Pyrophanite, $MnTiO^3$ 5246
Pyrophosphorite, phosphate de Mg, Ca, Cu 5247
Pyrophyllite, $H^2Al^2Si^4O^{12}$ – P.S ^{2,78} d ^{1} A^{8,32} Σ^5 – C$^{5,16,22}_{var}$ . . . 5248
Pyrophysalite, var. de Topaze 5249
Pyropissite, Résine fossile, P.S $^{0,493}_{0,520}$ – A$^{24}_{2}$ 5250
Pyrorétine, Résine fossile 5251
Pyrorthite, var. d'Orthite monoréfringente hydratée . . 5252
Pyroschéererite, huile minérale 5253
Pyrosclérite, clinochlore vert émeraude 5254
Pyrosidérite, v. Pyrrhosidérite 5255
Pyrosmalite, chlorosilicate de Fe, Mn, etc. 5256
Pyrostibite, pyrostibnite, syn de Kermésite 5257
Pyrostilpnite, Pyrargyrite monoclinique 5258
Pyrotechnie, syn. de Thénardite 5259
Pyroxènes, R. basiques à base dominant sur magnésie, P.S $^{3,5}_{3}$ 5260
Pyroxènes (suite) form. gén. CaO(Fe, Mg)O, SiO^2 – v {478 – 1924 – 2906 / 1958 – 2173 – 52 5261
Pyroxénite, R, C$^{22}_{25}$, sans feldspath, à pyr. vert . . . 5262
Pyroxénolite, R. à diallage avec diopside ou bronzite 5263
Pyrrhite, var. de Pyrochlore 5264
Pyrrhoarsénite, Berzéliite orangée 5265
Pyrrholite, var. de Polyargite 5266
Pyrrhosidérite, syn. de Goethite 5267
Pyrrhotine, Fe^7S^8 (magnétique) – P.S $^{4,54}_{4,64}$ – d $^{3,5}_{4,5}$ – Σ^4 – C$^{26}_{27}$ – P^{11} 5268

Q

Quadersandstein, grès parallélipipédique – 2 G $\frac{6}{7}$ . . . 5269
Quartier-Gaillard (Loire) St Étienne 372^H 17 – 11 – 24 – houil. 5270
Quartz, SiO^2 – P.S $^{2,5}_{2,8}$ – d ^{7} Σ^4 A$^{42,53}_{44}$ C^1 var. . . . 5271
Quartz aurifère, rubané, feuilleté, A.^{41} taché de roug. 5272
Quartz aventurine, v. Aventurine 5273

Quartz nectique, var. d'Opale spong. tubercul.^e C_4^{22} ... 5274
Quatz enfumé, coloré en noir par des Carbures ... 5275
Quartz hématoïde, quartz rouge, v. Hyacinthe ... 5276
Quartzine, Silice crist. biaxe $PS^{2,57}$ Σ^6 A^{16} ... 5277
Quartzite. R. de Quartz à grains indiscernables, A^{12} 5278
Quartzophyllade, phyllades à quartz dominant 5279
Quaternaire 4G 5280
Quecksilber syn. de Mercure 5281
Quecksilberbranderz, Idriale mel. de Cinabre ... 5282
Quecksilberfhalerz v. Schwatzite 5283
Quecksilberhornerz, v. Calomel 5284
Quecksilberlebererz, mel. d'Idrialite et de Cinabre .. 5285
Quellerz, var. de Limonite 5286
Quenay (Savoie) Mâcot, 30 H 15 - 9 - 48 - Anthr ... 5287
Quensteddite, sulfate hydr. de Fe 5288
Quentin St (Isère) 510 H 12 - 6 - 43 - Fe 5289
Quentin St (Aisne) - III - 4G - 10° 5290
Quetenite, sulfate hydr. de Mg, Fe 5291
Quincite, Magnésite rouge carmin 5292
Quincyte, v. Quincite 5293
Quirogite, var. de Galène antimoniale ... 5294

R

Rabdionite, var. d'Asbolane 5295
Rabdophane, v. Rhabdophane 5296
Rabenglimmer, Zinnwaldite gris foncé ferr. ... 5297
Rabots, bancs à gros silex gris $2G_2^6$ 5298
Radauite, var. de Labrador 5299
Radelerz, Bournonite en roue dentée 5300
Radiolaires (Calc. à) var. de Craie, $2G^6$ ... 5301
Radiolite, mésotype sphéroïdale 5302
Radiolites, fossiles sphærulitiques 5303
Ragny (S et L) Blanzy, 645 H 27 - 32 - houille 5304
Ragotière, v. Sablé 5305
Rahtite, v. de Blende Cuprifère et ferr. .. 5306
Raimondite, sulf. hydr. ferrique 5307
Raismes (Nord) Anzin, 4820 H 29 - Ventôse VII - houil. 5308
Ralstonite, 3(Na² Mg, Ca) Fl², 8 Al² Fl⁶, 6 H² O - $PS^{2,62}$ Σ^1 ... 5309
Rame (H.A.) St Martin, 116 H 2 - 5 - 68 - Anthr. ... 5310
Ramiette (Savoie) Prestes, 177 H 18 - 4 - 48 - Anthr. .. 5311
Ramirite, vanadate complex indéterm. 5312
Rammelsbergite, Biarséniure de Ni 5313
Ramosite, silicate de Fe, Al, Ca, Mg 5314
Ramouzens (Gers) - I - $3G_1^3$ tourbe - 18° 5315
Rancels (A.M.) Roure 390 H 30 - 9 - 52 - Cu, Pb ... 5316
Rancié (Ariège) Sem, 548 H 31 - 5 - 33 - Fe ... 5317
Rancierite, syn. d'Haussmanite 5318
Randanite, var. d'Opale 5319
Randite carbonate hydr. de Ca, U 5320
Ranet (Ariège) Auzat, 2063 H 17 - 11 - 62 - Cu ... 5321
Ranite, var. d'hydronéphéline 5322
Ransatite, silic. d'Al, Fe, Mn, Mg, Ca 5323
Raphanosmite, syn. de Zorgite 5324
Rapaggio (Corse) - 4 III - $1G^{3-4}$ 14° 16° ... 5325
Raphilite, var. de Trémolite 5326
Raphisidérite, var. de peroxyde de fer ... 5327
Raphite, syn. d'Ulexite 5328
Rapidolite, syn. de Wernérite 5329
Rappakiwi, var. de granitite globulaire ... 5330
R'Arbou (Alger) Arba, 1760 H 20 - 12 - 81 - Zn, Pb. 5331
Ras et Ma (Constantine) Jemmapes, 1336 H 1 - 5 - 61 - Mercure 5332
Raseneisenerz, var. de Limonite 5333
Ras-er-Radjel (Tunisie), v. Tabarka 5334
Raspite, v. de Stolzite dimorphe 5335
Rascles, rigoles ravinées sur des flancs calc. 5336
Rastolyte, syn. de Voigtite 5337
Ratassière (Isère) St André, 242 H 10 - 8 - 61 - Lignite 5338
Ratefarnoux (B.A.) Manosque, 35 H 18 - 9 - 31 - Lignite 5339
Rathite, sulfoarséniure de Pb, avec Sb 5340
Ratholite, var. de Pectolite 5341
Ratofkite, fluorine impure 5342
Rauchwacke, dolomie spongieuse 5343
Rauite, v. Ranite 5344
Raumite, var. de Praséolite 5345
Rauracien, ... $2G_3^4$ 5346
Rauschgelb, syn. de Réalgar 5347
Rautenspath, syn. de Dolomie 5348
Ravelon, (S et L) Bracy, 610 H 1 - 8 - 64 - Sch. bit. .. 5349
Ravoire (Isère), Allevard, 1317 H 15 - 1 - 17 - Fe ... 5350
Razoumoffskine, var. de Smectite 5351
Réalgar, As^2S^2 - $PS_{3,6}^{3,4}$ - $d_2^{1,5}$ Σ^6 - $A_{22}^{7,24}$ - C_7^{97} - P_2 .. 5352
Rébenacq (B.P.) - III - $2G^5$ 15° 5353
Récif barrières, réc. corall. au milieu des terres .. 5354
Recifs frangeants, récifs des rivages 5355
Rectius (S.) Sorette, 296 H 13 - 7 - 25 - houill ... 5356
Rectorite, Kaolin peu hydraté 5357
Reddingite, phosphate hydr. de Mn 5358
Redingtonite, sulfate hydr. de Cr, Al, Fe 5359
Redon (Il. et Vil.) - III - 4G - 13° 5361

Redontite, phosph. hyd. d'Al, Fe 5362
Redruthite, syn. de Chalcosine 5363
Réel (Savoie), Côte d'Aime, 41^{H} 18-4-48 - Anthr. 5364
Refdanskite, var. de Serpentine à Ni 5365
Refikite, résine fossile 5366
Regnolite, arsénio-sulfure de Cu, Zn, Fe 5367
Reichardite, var. d'Epsomite 5368
Reichite, var. de Calcite 5369
Regny (Loire), 440^{H} 19-9-59 - Anthr. 5370
(1) Reinite, tungstate de Fe 5371
Reissacherite, var. de Wad 5372
Reissite, Epistilbite ou Roussite 5373
Remingtonite, carbon. hyd. de Co 5374
Remolinite, syn. d'Atacamite 5375
Remoncourt (Alger) - IV - 2 G^{1} - 10°5 . . 5376
Remchi (Oran) - IV - 3 G^{3} (basalte) - 24° . . 5377
Remond (Savoie) Presles, 46^{H} 26-7-36 Cu, As. 5378
Remy St (Calvados), 750^{H} 28-9-75 - Fe 5379
Renaison (L.) - 2 II - 1 G^{1} ? 5380
Renne (âge du) . . . . 4 G^{2} 5381
Rennes (Schistes de), grès verts dallés du 1 G^{2} Breton 5382
Rennes les Bains (Aude) - 6 III - 4 IV - 2 G^{5-6} 12°.42° . . 5384
Ronsselaerite, Talc enstatiteux 5385
Résanite, silic. hydr. de Cu et Fe 5386
Réserve de l'Eglise (S. et L.) Romanèche, 2^{H} 8-11-92 . 5387
Résines, carbures d'H. oxygénés, ... 5388
Résinite, opale commune $C^{2,11,23}_{24}$ 5389
Restormelite, var. de Smectique 5390
Rétinalite, var. de Serpentine 5391
Rétinasphalte, résine, P.S $^{1,05}_{1,2}$ - d^{2}_{1} - $A^{43,44}_{20,31}$ - C^{8}_{12} - 5392
Rétinellite, hydrocarbure du précédent . . . 5393
Rétinite, verre natur. (orthose A^{22}_{24}) 5394
Retzbanyite, var. de Cosalite 5395
Retziane, arseniate hyd. de Mn, Ca 5396
Retzite, syn. d'Edelforsite 5397
Reussine, mel. de sulfate de Na et de Mg . . . 5398
Reussinite, résine fossile 5399
Revenette (H. Savoie) St Gervais, 400^{H} 28-6-57 - Cu . . 5400
Reveux (Loire) St Jean, 44^{H} 13-7-25 - houille 5401
Révinien . . . . 1 G^{3}_{1} 5402
Reyrieux (Ain) - III - 3 G^{4} 13° 5403
Rhabdite, phosphure de F. météorique 5404
Rhabdophane, phosphate hyd. de Ce, Di, Er . . 5405
Rhabdolithes, granules algueux des boues calc. 5406
Rhabdosphères, algues des granules précédents 5407
Rohm (M. et M.) 343^{H} 1-5-69 - Fe 5408
Rhagite, arséniate hyd. de Bi 5409
Rhaetizite, (disthène A^{10}_{11}) - $C^{4,22}_{23}$ 5410
Rhénan (étage) . . . . 1 $G^{4}_{1,2}$ 5411
Rhénan (massif). Dévonien infér. des Vosges 5412
Rhétien . . . . 2 G^{2}_{1} 5413
Rhin (système du), Soulèvement du 2 G^{1}_{1-2} 5414
Rhiras (Constantine) - IV - 3 G^{4} - 49° 5415
Rhodalite, var. de Bol 5416
Rhodalose, syn. de Bieberite 5417
Rhodanien . . . . . . 2 G^{5}_{2} 5418
Rhodite, Minerai aurifère à 43 % de Rh 5419
Rhodizite, $R^{2}Al^{4}B^{6}O^{16}$ - P.S$_{3,4}$ - d^{3} - Σ^{7} - $C^{1,2;12}_{22;24}$ . . . 5420
Rhodoarsenianе, arséniate hyd. de Mn, Ca, Mg . . . 5421
Rhodochrome, var. de Kammererite 5422
Rhodochrosite, syn. de Dialogite rose 5423
Rhodoïse, Erythrine avec acide arsenieux . . . 5424
Rhodonite, Mn, SiO^{3} - P.S$^{3,61}_{3,63}$ - $d^{5,5}_{6,5}$ - Σ^{6} - $C^{1,5}_{6}$ . . . 5425
Rhodophyllite, v. de Kämmererite, C^{7} - A^{32} . . 5426
Rhodophosphite, chlorophosphate de Ca, Mn, Fe . . 5427
Rhodotilite, syn. d'Inésite 5428
Rhodusite, Glaucophane asbestiforme 5429
Rhombarsénite, syn. de Claudétite 5430
Rhombenglimmer, var. d'Anomite 5431
Rhombenporphyr, Orthophyre brune à anorthose 5432
Rhyacolite, mel. d'Orthose et de Néphéline . . . 5433
Rhyolite, porphyre pétrosiliceux du silurien . . . 5434
Riaillé (L. Inf.) - III - 1 G^{3} 12° 5435
Riasanien . . . . 2 G^{4}_{3} russe 5436
Richaldon (Argonay) Collet (Dépt.), 636^{H} 1-8-60 - Pb, Ag . . 5437
Richellite, fluophosphate hydr. d'Al, Fe, Ca 5438
Richesse-Supérieure (Savoie) Bourget, 40^{H} 13-11-59 - Fe . . 5439
Richmondite, var. d'Hydrargillite 5440
Richterite, var. d'Amphibole non alumineuse . . . 5441
Ridolfite, var. de Dolomie 5442
Riebeckite, Amphibole sodifère très polychroïque . . 5443
Rieille (Var) Collobrière, 2339^{H} 10-1-90 - Pb, Ag, Zn, Cu, An 5444
Riemannite, syn. d'Allophane 5445
Rilhac (H. L.) Vergonghéon, 518^{H} 30-4-86 - houille . 5446
Rill-Marks, traces de ruissellement sur les plages. 5447
Rinkite, silicotitan. de Ca, Ce, La, Di, Na, avec Fl . . 5448
Riolite, sulfosélénure, d'Hg 5449
Riols (Her.), 2880 - 23-6-71 - Pb, Zn, Ag 5450
Rionite, var. de Tennantite à Bi 5451
Ripidolite H^{16} (Fe, Mg)$^{10}Al^{3}Si^{3}O^{19}$ - P.S$^{2,78}_{2,96}$ - $d^{1,5}$ - A^{12}_{42} Σ^{4} $C^{16,17}_{18}$ - 5452
Riponite, var. de Mizzonite (Dipyre) 5453
Ripple Marks, traces de clapotement sur le sable . . . 5454

Risoul (H.A.) - 2 IV - 2 G 2/2 - 22° 5455
Risséite, var. d'Aurichalcite 5456
Rittéringérite, var. de Xanthoconite 5457
Rivercnert (Ariège) 1493 - 2 - 2 - 99 - Fe 5458
Rivière Saas (Landes) - IV - 2 G 5-6 5459
Rivotite, antimoniocarbonate de Cu, ... 5460
Roanne (Loire) - 2 I - 4 G - ? 5461
Robiac, v. Bessèges 5462
Robiac-Meyrannes (Gard) Bessèges, 2806 H 12 - 11 - 09 - houille 5463
Roche (bancs de) Calc. grossier Lutécien 5464
Roche (Loire) St Étienne, 38 H 4 - 11 - 24 - houille 5465
Roche (S. & D.) St Eloy, 198 H 27 - 12 - 37 5466
Roche noire, trapp. porphyritique de l'Allier 5467
Roche verte, tuff porphyritique 1 G 5/? 5468
Roche acide, teneur en silice ≥ 65 % 5469
Roche basique, teneur en silice ≥ 40 % ≤ 55 % 5470
Roche éruptive, R. d'épanchement; endogène 5471
Roche neutre, teneur en silice ≥ 55 % ≤ 65 % 5472
Rochasse (Isère) Allevard, 11 H 21 - 6 - 56 - Fe 5473
Rochasson (H.A.) Puy St Pierre, 32 H 17 - 10 - 26 - Anth. 5474
Roche-Baron (H.A.) St Martin, 69 H 12 - 10 - 67 - Anth. 5475
Rochebelle (Gard), Alais, 3118 H 12 - 11 - 09 - houille 5476
Roche-Belmont, (H. Savoie) Fordaz, 188 H 8 - 1 - 39 - Mn 5477
Roche-Colombe (H.A.) Monêtier, 689 H 7 - 4 - 66 - Anth. 5478
Rochemaure (Ardèche) - 2 II - 2 G 5/? - 13° - 14° 5479
Roche-Molière (L.) Firminy, 5856 H 11 - 6 - 1767 - houil. 5480
Roche-Pessa (H.A.) Puy St Pierre, 40 H 29 - 3 - 34 - Anth. 5481
Roche-Posay (Vienne) - 3 IV - 2 G 6/2 - 11°5 5482
Rocheray (Savoie), St Jean, 1308 H 14 - 6 - 00 - Zn, Pb, Ag 5483
Roches (Savoie), Perrière, 85 H 11 - 12 - 59 - Anthr. 5484
Rochette (B.A.) Manosque, 94 H 18 - 2 - 36 - Lign. 5485
Rochlandite, v. Rocklandite 5486
Rochlédérite, résine fossile 5487
Rocklandite, var. de Serpentine 5488
Rocles (Ardèche) - II - 1 G 1/? 15° 5489
Roeblingite, silic. hyd. de Pb, Ca 5490
Roemérite, sulfate hydr. de Fe 5491
Roepperite, var. de Péridot zincifère 5492
Roesslérite, arséniate hydr. de Mg 5493
Roettisite, Connarite amorphe 5494
Rogersite, alt. de Samarskite et Euxénite 5495
Rognacien ... 2 G 6/4 5496
Rollingdownbeds, Néocomien du Queensland 5497
Romain (M. et M.) Cosnes, 140 H 9 - 8 - 48 - Fe 5498
Romain en Gier St (Rhône), 177 H 9 - 2 - 61 - houill. 5499
Romain le Puy St (L.) - 4 II - basalte - 12° 15° 5500
Romanèche (S. et L.), 499 H 27 - 8 - 23 - Mn 5501
Romange (Jura), 190 H 7 - 9 - 64 - Fe 5502
Romanzowite, Grossulaire brunâtre 5503
Roméine (Ca, Fe, Mn)² Sb³ O⁸ P.S 4,67/4,71 - d 5,5 Σ 2 C 12/9,7 5504
Roméite, v. Roméine 5505
Rompon (Ardèche) - 5 IV - 1 G 1-3/? 13° 25° 5506
Ronchamp (H. Saône) 2650 H 1 - 3 - 1763 - houil. 5507
Rongas (Hér.) St Gervais, 146 H 26 - 12 - 84 - Pb 5508
Ronzy (L.) St Jean, 28 H 4 - 11 - 24 - houil. 5509
Roque (Aveyron) St Côme, 333 H 9 - 11 - 44 - houil. 5510
Roque (Gard) St Julien, 802 H 9 - 6 - 82 - Zn 5511
Roquebillière (A.M.) - I - 1 G 1 - 14° 29°5 5512
Roquecourbe (Tarn) - III - 1 G 3/? - 13° 5513
Roques Nègres (P.O.) Corsavy, 40 H 1 - 4 - 30 - Fe 5514
Roque Ste Marguerite (Aveyr.) 330 H 3 - 6 - 65 - Lign. 5515
Roscoélite, var. de Lépidolite avec Va 5516
Roséite, alt. de Mica 5517
Rosélite, arsen. hydr. de Ca, Mg, Co 5518
Rosellane, syn. de Rosite 5519
Rosenbuschite, pyroxène à Ca, Na, Zn, Ti, La 5520
Rosières-Salines, 848 H 7 - 6 - 45 - sel 5521
Rosis (Hér.) - III - 1 G 1 - 15° 5522
Rosite, var. de Pinite 5523
Rossignon (Isère) Allevard, 25 H 15 - 1 - 17 - Fe 5524
Rosstrévorite, var. fibreuse d'épidote 5525
Rostagne St (B.A.) Manosque, 355 H 20 - 10 - 48 - Lign. 5526
Rostérite, var. de Beryl 5527
Rosthornite, résine fossile 5528
Roth, assise supérieure du grès bigarré 5529
Rothbleierz, syn. de Crocoïse 5530
Rothkupfererz, syn. de Cuprite 5531
Rothliegendes, grès rouge all. nand 5532
Rothnickelkies, syn. de Nickeline 5533
Rothoffite, grenat mangano ferreux 5534
Rothspiessglanzerz, syn. de Kermésite 5535
Rothstein, syn. de Rhodonite 5536
Rothzinkerz, syn. de Zincite 5537
Rotomagien ... 2 G 6/? 5538
Rouairoux (Tarn) 822 H 28 - 8 - 86 - Py, Fe, Ag, Cu, Pb 5539
Roubschite, syn. de Giobertite 5540
Rouen (Seine Inf.) - III - 3 G 4 12° 5541
Rougemontot (Doubs), 366 H 21 - 3 - 30 - Fe 5542
Roulans (Doubs) Laissey - 276 H 22 - 7 - 63 - Fe 5543
Roumanite, résine fossile 5544
Roure (P. d. D.), St Pierre Chastel, 5184 H 25 - 4 - 1791 - Pb 5545
Rousson (Gard), 310 H 4 - 2 - 76 - Zn, Pb 5546

Routes (Var), Toulon, 404^{H} 24-8-44 – Lignite 5547
Routes (Savoie), Moutiers, 38^{H} 14-9-50 – Anthr 5548
Rouve (Lozère) St Privat, 1996^{H} 25-12-40 – Antim 5549
Rouvergue (Gard), Portes, 4138^{H} 1-6-64 – Pb, Ag, Cu ... 5550
Rouze (Ariège) – 8 III – 1 $G^{r\,1-3}$ – 20° 27° 5551
Rovigo (Alger) – IV – 3 $G^{r\,3}$ 40° 5552
Royat (P.d.D.) – 2 II – 3 $G^{r\,3}$ arkose – 28° 34° 5553
Roy-Sud (P.d.D.), Dallet, 105^{H} 25-9-43 – Bit 5554
Roy-Nord (P.d.D.), Dallet, 182^{H} 25-9-43 – Bit ... 5555
Rowlandite, silicate d'Y 5556
Rubasse, Quartz coloré artificiellement 5557
Rubellane, alt. de Biotite 5558
Rubellite, Tourmaline rouge 5559
Rubérite, syn. de Cuprite 5560
Rubicelle, Spinelle jaune d'or 5561
Rubinglimmer, Gœthite lamellaire 5562
Rubis balais, Spinelle rose 5563
Rubis Oriental, Corindon rose 5564
Rubis Spinelle, $MgAl^2O^4$ – $PS^{3,5}_{4,1}$ – d^8 Σ^1 maclé C^{rx} A^{42} 5565
Rubislite, var. de Chlorite 5566
Rubrite, sulfate hydr. de Fe, Al, Mg, Ca 5567
Rudistes, fossil. des calc. supracrétacés crayeux .. 5568
Ruet (Saône et L.), Tavernay, 810^{H} 20-10-61 – Sch. Bit. 5569
Ruhle-Négrin (Aveyron), Cransac, 720^{H} 8-2-86 – houil. .. 5570
Ruines (Isère), Séchilienne, 800^{H} 9-11-53 – Pb, Ag, Cu, Zn .. 5571
Ruiniformes (rochers), Calc. du Portlandien 5572
Rulames (Ardèche), Banne, 383^{H} 14-4-74 – Fe ... 5573
Rumpfite, silic. hydr. d'Al, Mg 5574
Rupélien, ... 8 G^{2}_{2-3} 5575
Ruténite, syn. de Jaipurite 5576
Rutherfordite, var. de Fergusonite 5577
Rutilantes (Argiles), Arg. rouges du Rognacien 5578
Rutile, TiO^2 – $PS^{4,27}$ – $d^{6,5}_{6}$ – Σ^2 – $A^{53,40}_{41}$ – $C^{r7,8,22}_{11,23,24}$ 5579
Ryacolite, v. Rhyacolite 5580

S

Sablé (Sarthe), Juigné, 11657^{H} 20-11-22 – Anthr ... 5581
Sable, dépôt détritique, meuble, quartzeux 5582
Sable corallien, sables des îles de polypiers 5583
Sable gras, limon au-dessous du loess pleistocène. 5584
Sable inférieur, sable marin bartonien 5585
Sable moyen, subordonné à l'argile plastique du bartonien 5586
Sable supérieur, Sable oligocène de Fontainebleau 5587
Sable vert, Sable glauconieux de l'Albien 5588
Sable volcanique, Sable éruptif augitifère, vitreux 5589
Sablières (Ardèche), 3763^{H} 18-10-74 – Pb, Ag, Cu, Zn 5590
Sablonnière (M. et M.), Einville, 708^{H} 25-11-72 – Sel ... 5591
Saccharite, minéral feldspathoïde indéterminé .. 5592
Safflorite, Smaltine ferrifère – Σ^3 5593
Safre, grès sableux glauconieux 5594
Sagénite, var. de Rutile 5595
Sagne (P.d.D.), Cunlhat, 1110^{H} 6-7-76 – Pb, Ag 5596
Saharien, dépôt marin pleistocène de Calabre .. 5597
Sahélien .... 3 G^{3}_{4-5} 5598
Sahlite, v. Salite 5599
Sahorre (P.O.), 186^{H} 25-9-53 – Fe 5600
Saïda (Oran) – IV – 2 G^{4}_{2} – 26° 5601
Saignon (Vaucluse), Apt, 277^{H} 16-6-79 – Soufre .. 5602
Sail-les-Bains (Loire) – 2 I – 3 II – III – 3 G (granite) 11° 34° 5603
Sail-ss-Couzan (Loire) – 10 II – 1 G^{1} – 11° 12° 5604
Sain-Bel (Rhône) – 9043^{H} Messidor VII – Cu, Pb, Py 5605
Sakamody (Alger), Arba, 830^{H} 3-8-80 – Zn, Pb .. 5606
Salbande, argile détritique, séparant les filons des épontes 5607
Saldanite, syn. d'Alunogène 5608
Saleich (H.G.) – IV – 2 $G^{r\,1}$ 14°2 5609
Saléon (H.A.) 245^{H} 18-7-78 – Cu, Fe, Pb, etc. 5610
Salies (H.G.) – IV – 2 G^{1} – 10° 15° 5611
Salies (B.P.) – 97^{H} 29-6-43 – Sel 5612
Salies de Béarn (B.P.) – IV – 2 G^{1} – 14° 15° .. 5613
Salies du Salat (H.G.) – 1080^{H} 1-8-85 – Sel ... 5614
Saliférien, Keuper salifère ... 2 G^{1}_{3} 5615
Saligny (Allier), 340^{H} 1-2-31 – Mn 5616
Salinelle, volcan de boue salée 5617
Salins, gisements marno-salifères du Keuper 5618
Salins (Savoie) – IV – 2 $G^{r\,1}$ dolomie – 35° 5619
Salins (Jura) – IV – 2 $G^{r\,1}$ – 13° 5620
Salins (Jura) – 1998^{H} 6-1-42 – Sel 5621
Salite, Malacolite diopside, 20% FeO – $PS^{3,2}_{3,3}$ – A^{12} – C^{18} ... 5622
Sallefermouse (Ardèche), St Paul, 2365^{H} 14-3-57 – Fe 5623
Sallefermouse (Ardèche) Banne, 262^{H} 10-7-22 – houil. 5624
Salle (H.A.) Salle, 151^{H} 7-7-49 – Anthr 5625
Salles Gagnières (Gard), 299^{H} 28-8-32 – houille .. 5627
Salles-la-Source (Aveyron) – 4 I – 2 G^{2}_{1} – 10° 16° .. 5628
Salmare, syn. de Sel gemme 5629
Salmiac, H^4AzCl – $PS^{1,52}$ – $d^{1,6}_{2}$ – Σ^1 – A^{42} $C^{r1,2,3,22}_{4,\,2}$ 5630
Salmien, ... 1 G^{3}_{1} 5631
Salmite, Chloritoïde à Mn 5632
Salopien, ... 1 G^{3}_{3} 5633
Salpêtre, AzO^3K – $PS^{1,92}$ – d^{2} Σ^3 – A^{42} – $C^{1,2,3}_{22}$ 5634
Sals (Lot) Bastide, 534^{H} 20-5-80 – Fe 5635

Salse, volcan de boue 5636

Salsigne (Aude) 278^m, 30-6-2-77 - Fe, Py, As, Cu . . 5637

Saltharitz (B.P.) Briscous, 30^m 9-11-44 - Sel 5638

Salt Range . . . . $1 G_1^3$ (Inde) 5639

Salvadorite, sulfate hydr. de Cu, Fe 5640

Salvetat (Hérault) - III - $1 G^1$ 15° 5641

Samarskite, (U, Fe, Y)^{6}Nb^{12}O^{10} $PS_{5,8}^{5,5}$ - d_6^5 - Σ^3 - $C_{24}^{22,23}$ . . 5642

Samoite, var. d'Allophane 5643

Sancy (M. et M.), 735^m 31-3-99 - Fe 5644

Sandaraca, syn. de Réalgar 5645

Sandbergérite, Tennantite zincifère 5647

Sangot (Savoie), Macôt, 185^m 15-5-80 - Anthr. 5648

Sanguine, Ocre rouge 5649

Sanguinite, sulfoarséniure d'Ag 5650

Sanidine, feldspath orthose vitreux 5651

Sanidinite, pegmatite métam. par le trachyte . 5652

Sanidophyre, liparite, (79 % de silice) 5653

Sanilhac (Ardèche), - II - $1 G^1$ 16° 5654

Sannoisien . . . . $3 G_1^2$ 5655

San-Quilico, (Corse) Corte, 709^m 80-17-8-97 - Cu . . 5656

Sansac (Aveyron), Agen, 1815^m 6-10-19 - houil. . . 5657

Santacruzien, ... $3 G$. (Patagonie) . . 5658

Santenay (Côte d'Or) - 3 IV - $2 G^{12}$ 10°-18° 5659

Santilite, syn. de Fiorite 5660

Santin Cantalés S^t (Cantal), 2398^m 6-5-39 - Pb, Ag . . 5661

Santonien, ... $2 G_3^6$ 5662

Saône et Loire (Phosph. de) - S et N, jaunâtre $2 G^{4-5}$ - 20-25 % 5663

Saphir (Oriental), corindon bleu 5664

Saphir d'eau, Cordiérite bleue 5665

Saphirine, $Mg^4Al^{10}Si^2O^{23}$ $PS_{3,47}^{3,42}$ - $d^{7,5}$ Σ^5 - A^{28} C^{19} . . 5666

Sapiolite, var. fibreuse de Magnésite 5667

Saponite, var. d'Antigorite grasse 5668

Sappare, syn. de Disthène 5669

Sappey (Isère), St Barthélemy - 482^m 4-12-42 Zn, Pb 5670

Sapphirine, Calcédoine bleue 5671

Sarawakite, var. d'Antimoine oxydé 5672

Sarcellière (Allier), Buxière - 105^m 25-5-53 - Sch. bit. 5673

Sarcey (Rhône) - III Schistes argilo-quartzeux 14° 5674

Sarcite, var. douteuse de Leucite 5675

Sarcolite, $(Ca, Na^2)^3Al^2Si^3O^{12}$ - Σ^2 - $PS_{2,76}^{2,62}$ - $d_6^{5,5}$ 5676

Sarcopside, var. de Triplite 5677

Sardiniane, syn. d'Anglésite 5678

Sardoine, Calcédoine brune 5679

Sardon (Loire) Rive Gier, 30^m 3-8-08 - houil. . . . 5680

Sarkinite, arséniate hydr. de Mn 5681

Sarmatien . . . . $3 G_4^3$ 5682

Sarrance (B.P.) - III - IV - $2 G^5$ 12°-25° 5683

Sarrazins (Savoie) Modane - 400^m 23-12-52 - Pb, Ag . . 5684

Sarrola (Corse) - I - $1 G^1$ 37° 5685

Sarrus (Cantal) - II - $1 G^1$ 10° 5686

Sartorite, $PbAs^2S^4$ $PS^{5,39}$ d^3 Σ^3 - C^{28} P4 5687

Sasbachite, var. de Stilbite 5688

Sassoline, $H^6B^2O^6$ $PS^{1,48}$ $d^{1,0}$ Σ^6 $A_{17,32}^{11,12,45}$ - $C_{12,22}^{1,2}$ . . . 5689

Saubusse (Landes) - IV - $2 G^{5-6}$ 48° 5690

Sauconite, var. de Calamine argileuse 5691

Saulnes (M. et M.), 97^m 14-8-67 - Fe 5692

Sault (Vaucluse) - I - $3 G^3$ 16° 5693

Saulve S^t (Nord) Bruay, 2200^m 3-12-34 - houil. . . 5694

Saurier (P. d. D.) - II - $1 G$ - 11° 5695

Saussaz (Savoie), St Michel, 10^m 10-10-53 - Anthr. . 5696

Saussurite, v. de Zoïsite, alt. de feldsp. plagio. $PS^{3,38}$ C_{22}^{18} . . 5697

Sauve (Gard) - I - $2 G_1^5$ - 23° 5698

Sauveterre (B.P.), 212^m 10-9-96 - Sel 5699

Sauveur S^t (Gard) 2429^m 11-8-62 - Pb, Cu, Ag . . . 5700

Sauveur St Montagut (Ardèche) 3 II - $1 G^1$ - 11°-14°5 . . . 5701

Sauxillanges (P. d. D.) - II - $1 G$ - 12° 5702

Savennières (M. et L.), v. St Georges 5703

Savite, syn. de Mésotype 5704

Savodinskite, syn. de Hessite 5705

Savoie (Phosph. de), S et N, jaun. $2 G_{1-3}^5$, $2 G_{4-5}^4$ 25 % 5706

Savon blanc, var. d'Halloysite de Plombières . . 5707

Savon de Montagne, var. d'Halloysite v. préced. 5708

Savon des Verrières, syn. de Pyrolusite 5709

Savonnières (pierre de), oolithe à coquilles du $2 G_4^7$ . . 5710

Saxonien . . . . $1 G_4^6$ 5711

Saxonite, diabase à olivine sans feldspath . . . 5712

Saynite, var. de Grünauite 5713

Scacchite chlorure de Mn 5714

Scaldisien, ... $3 G_7^4$ 5715

Scanien, (période) - $4 G^1$ - (glaciaire part.) . . . 5716

Scapolite, v. Paranthine ou Wernérite 5717

Scarbroïte, var. d'Allophane 5718

Schaffnérite, v. Cuprodescloizite 5719

Schalstein, tuf de spilite, schisteux amygdaloïde $C_7^{13,22}$ . . 5720

Schapbachite, Galène bismuthifère et Argyrite . . 5721

Schaumkalk, calcaire spongieux gris, $2 G^1$ . . . 5722

Schaumspath, Calcite nacrée 5723

Scheelin calcaire, v. Scheelite 5724

Scheelin ferrugineux, v. Wolfram 5725

Scheelite, $CaWO^4$ $PS_6^{5,9}$ - $d_5^{4,5}$ - Σ^2 - A_{42}^{41} - $C_{12}^{1,2}$ . . . 5726

Scheelitine, $PbWO^4$ $PS_{8,1}^{7,9}$ - d^3 Σ^2 A_{42}^{41} - C^{22} . . . 5727

Scheerérite, CH^4 $PS_1^{1,2}$ A_2^5 - $C_{22}^{1,2,16}$ 5728

Schefférite, augite manganésifère 5729
Schilfglaserz, v. Freieslebénite 5730
Schillerspath, Antigorite lamellaire, v. Bastite . . 5731
Schilfsandstein, Dolomie princip. Germanique . . 5732
Schillersfels, v. Schillerspath 5733
Schilt, (calcaire de) oolithe multicolore, Suisse 5734
Schio (Couches de) sables avec calc. à Clypéastres, $3\,G^3_1$ – Corse 5735
Schirmérite, sulfure de Bi, Ag, Pb 5736
Schiste, dépôt argileux stratifié fissile, dur 5738
Schiste cuivreux, Sch. Silésien Thuringien 5739
Schiste micacé, Sch. métamorph. noduleux 5740
Schiste tacheté, Sch. métam. glanduleux maclifère . . 5741
Schistites, Schistes micacés Cambriens 5742
Schistosité, État fissile dû au dynamorphisme 5743
Schlanite, résine fossile 5744
Schlier, dépôt marneux du $3\,G^3_7$ Autrichien 5745
Schneebergite, Antimoniate calcaire de Ca 5746
Schneidérite, var. de Laumontite 5748
Schoharie (grès de) Étage cornifère du $1\,G^4$ d'Amérique . 5749
Schoharite, var. de Barytine siliciifère 5750
Schorl, v. Tourmaline 5751
Schorlrouge, syn. de Rutile 5752
Schorl vert, syn. d'Epidote 5753
Schorl rock, R. à tourmaline et quartz sans feldspath 5754
Schorlite, syn. de Pycnite 5755
Schorlomite, Mélanite à Ti 5756
Schrattenkalk, calc. à requiénies du $2\,G^5_2$ Suisse 5757
Schraufite, résine fossile 5758
Schreibersite, phosphure de Fe météor. $P.S^{7,01}_{7,02}$ – $d^{6,2}$ – A^{15}_{13} – C^{29} . 5759
Schrockeringite, oxycarbonate hydr. d'Urane 5760
Schrötterite, var. d'Allophane 5761
Schuchardtite, Chrysoprase terreux 5762
Schulzenite, oxyde hydr. de Cu, Co 5763
Schulzite, syn. de Géocronite 5764
Schungite, var. amorphe de Carbone 5765
Schwartzembergite, $Pb^3(I,Cl)^2O^2$ – Σ^4 – $P.S^{6,2}_{6,3}$ – $d^{3,5}_{3}$ – C^{12} . . 5766
Schwatzite, Panabase à 20% de Hg, $P.S^{5,6}_{5}$ – C^{22} . . 5767
Schweitzérite, var. de Serpentine 5768
Schwerspath, v. Barytine 5769
Sclérétine, résine fossile 5770
Scléroclase, v. Sartorite 5771
Scolécite, Scolésite, $H^6CaAl^2Si^3O^{13}$ – $P.S^{2,2}_{2,3}$ – $d^{5,5}_{5}$ – Σ^5 – A^{41}_{42} – C^1_2 . . 5772
Scolexérose, Wernérite C^1_2 – $54\,SiO^2, 29\,Al^2O^3, 16\,CaO$ 5773
Scolopsite, syn. d'Ittnérite 5774
Scorilite, var. de Labrador 5775
Scorodite, $H^8Fe^2As^2O^{12}$ – $P.S^{3,11}_{3,18}$ – $d^{3,5}_4$ – Σ^3 – A^{41}_{42} – $C^{16,16}_{19}$ . . 5776

Scorza, var. d'Epidote arénacée 5777
Scotiolite, Thuringite magnésienne 5778
Scoulérite, pierre de pipe, var. de Thomsonite . . 5779
Scovillite, syn. de Rhabdophane 5780
Scyélite, picrite à amphibole très micacée . . . 5781
Scythien . . . . $2\,G^1_1$ 5782
Sébastien d'Aigrefeuille St (Gard), 1462^H 1–10–33 – Pb, Ag . . . 5783
Sebdou (Oran) – IV – dolomie – 26° 5784
Sebesite, syn. de Trémolite 5785
Secondaire, ou Mésozoïque . . . $2\,G$ 5786
Sédiment, dépôt abandonné par les eaux 5787
Seebachite, var. de Phacolite 5788
Seelandite, var. de Pickeringite 5789
Ségure (Aude), Tuchan, 1643^H 28–5–12 – houil. . . . 5790
Seine Infér. (Phosph. de la), R et S jaunes, $2\,G^6$ – 29–37 % . 5791
Seix (Ariège), 723 – 16–8–60 – Pb, Ag, Cu, etc . . 5792
Sel ammoniac, voyez Salmiac 5793
Sel d'Epsom, syn. d'Epsomite 5794
Sel de Glauber, v. Mirabilite 5795
Sel gemme, NaCl – $P.S^{2,1}_{2,2}$ – $d^{2,5}$ – Σ^1 – A^{42} – $C^{1,2,16,15}_{22,19,5}$. 5796
Séladonite, v. Céladonite 5797
Selbite, carbonate d'argent douteux 5798
Sélenite, v. gypse 5799
Selenium, Se Σ^5 5800
Sélénolite, SeO^2 naturel 5801
Sellaïte, $MgFl^2$ – (le moins réfringent des min.) Σ^2 . . 5802
Selwynite, var. de Wolchonskoïte 5803
Semblançay (Ind. et L.) – III – Calc. lacustre – 12° 5804
Séméline, var. de Sphène 5805
Semiopale, v. Opale commune 5806
Semnon (Ill. et Vil.) Martigné 538^H 21–5–96 – Hott, Pb, Zn, Cu 5807
Semseyite, var. de Plagionite 5808
Senaïte, titanate de Fe, Pb, rhomboédrique . . . 5809
Sénarmontite, Sb^2O^3 – $P.S^{5,22}_{5,3}$ – $d^{5,5}_{2}$ – Σ^1 – A^{43} – $C^{1,2}_3$ . . 5810
Sénelle (M. et M.) Longwy, 784^H 24–2–64 – Fe . . . 5811
Sénonien . . . . $2\,G^6_4$ 5812
Sentein (Ariège) – 2 III – $1\,G^3$ – 12,5 – 14° . . . 5813
Sentein-St Sary (Ariège), 6935^H 26–9–48 – Pb, Zn, Ag . . 5814
Sépiolite, syn. de Magnésite 5815
Séquanien . . . . $2\,G^4_3$ 5816
Sérachaux (Savoie), St Martin, 230^H 25–8–99 – anth. 5817
Serbannes (Allier) – II – $4\,G^7$ – 13° 5818
Serbiane, syn. de Miloschine 5819
Séricite, muscovite hydr. fluorifère, $P.S^{2,8}$ – A^{10}_{46} – $C^{15,16}_{2,12}$ 5820
Sériciteux (Schistes), satinés, à petites paillettes séricitenses 5821
Séricolite, var. de Calcaire séricitenx 5822

Sermaize, (Marne) _ IV _ $2G_7^5$ ... 5823
Sérons-Paleyret, (Aveyr.) Décazeville, 675^H 9-1-28 _ houil. 5824
Serpentine, $H^4Mg^3Si^2O^9$ Σ^1 P.S $^{2.47}_{2.6}$ _ d ^{3} A $^{11,12,10,56}_{22,44,53}$ _ C $^{1,2,16,22}_{13,15,19}$ ... 5825
Serpentine d'Aker, Clinochlore jaune transparent, C $^{11}_{1}$ .. 5826
Serpierite, sulfate hydr. de Cu, Zn ... 5827
Serpulit, sous étage marneux du 2 G_3^4 _ de Münder. 5828
Serre (Isère), Panossas, 63^H 4 _ 11 _ 43 _ Fe ... 5829
Serre (Doubs), 4^{Kc} 47^H 12 _ 2 _ 98 _ Sel ... 5830
Serre Leycon (Isère), Motte, 206^H 9 _ 8 _ 34 _ Anthr. .. 5831
Serremijeanne (Aude), Palairac, 170^H 10 _ 1 _ 21 _ Fe .. 5832
Serrières de Briord (Ain), 240^H 16 _ 8 _ 59 _ Fe ... 5833
Serrouville (M. et M.), 720^H 17 _ 5 _ 84 _ Fe ... 5834
Sers (H.P.) _ I _ 1 G^6 _ 29°5 ... 5835
Servas (Gard), 895^H 17 _ 2 _ 44 _ Bitume ... 5836
Servance (H. Saône), 71^H 5 _ 4 _ 27 _ Fe ... 5837
Serviers (Gard), 259^H 18 _ 4 _ 30 _ Lignite ... 5838
Servilleres (Gard), Lanuéjols, 480^H 1 _ 2 _ 60 _ Lign. . 5839
Settlingite, cire fossile ... 5840
Sévatien ... $2G_4^1$ ... 5841
Sévérite, var. d'Halloysite de St Sever ... 5842
Sévignacq (B.P.) _ 2 IV _ $2G^6$ _ 15° ... 5843
Sexey (M. et M.), Pont St Vincent, 268^H 3 _ 1 _ 75 _ Fe ... 5844
Sextien, ... $3G_6^1$ ... 5845
Seybertite, Clintonite, P.S $^{3.15}$ d $^{6.5}_{5}$ Σ^4 C $^{27}_{31}$ ... 5846
Seyssel (Ain) Charnay, 5116^H 8 _ 5 _ 88 _ Asph. .. 5847
Shalkite, syn. de Piddingtonite ... 5848
Shepardite, var. de Schreibersite ... 5849
Shimmer (Agrégat) _ R. de mica en écailles microsc. 5850
Shonkinite, v. de teschinite du Montana ... 5851
Shoshonite, Basalte à Orthose à 50-50 % SiO^2 ... 5852
Sibérite, tourmaline manganésée rouge, C^6 ... 5853
Sibertière (Loire) St Jean, 190^H 23 _ 5 _ 41 _ houil. 5854
Sicilianite, syn. de Celestine ... 5855
Sicilien, ... $3G_3^4$ ... 5856
Sidérazote, azoture de Fe ... 5857
Sidéretine, $H^4Fe^4As^2O^{23}$ Σ^1 _ A ^{17} _ C $^{6,13}_{14}$ ... 5858
Sidérite, syn. de Sidérose ... 5859
Sidéroborine, syn. de Lagonite ... 5860
Sidérocalcite, Dolomie ferrifère ... 5861
Sidérochalcite, syn. d'Aphanèse ... 5862
Sidérochrome, v. ferchromé ... 5863
Sidéroclepte, alt. de Péridot ... 5864
Sidéroconite, var. de Calcaire ... 5865
Sidérodot, var. Calcifère de Sidérose ... 5866
Sidéroferrite, var. de fer natif ... 5867
Sidérolithique, (terrain), gisement du fer en grains de $3G^2$. 5868

Sidéromélane, verre feldspathique ... 5869
Sidéronatrite, sulfate de Fe, Na ... 5870
Sidérophyllite, biotite ferrugineuse ... 5871
Sidéroplésite, Sidérose Magnesienne ... 5872
Sidéroschisolite, var. de Cronsteddite ... 5873
Sidérose, $FeCO^3$ P.S $^{3.83}_{3.88}$ _ d $^{3.5}_{4.5}$ _ Σ^4 A ^{42} C $^{12,22,23}_{8}$ ... 5874
Sidérosilicite, syn. de Palagonite ... 5875
Sidérotantale, syn. de Tantalite ... 5876
Sidérotyl, sulfate hydr. de fer ... 5877
Sidéroxène, syn. d'Hessenbergite ... 5878
Sidi-Hamber (Const.) Collo, 2272^H 26 _ 11 _ 89 _ Pb. ... 5879
Sidi-Youssef (Tunis) Sakkiet, 6600^H 27 _ 11 _ 98 Zn, Pb .. 5880
Siegburgite, résine fossile ... 5881
Siegenite, syn. de Linnéite ... 5882
Sigonce (B.A.) _ 317^H 27 _ 5 _ 36 _ Lignite ... 5883
Sigtérite, Sigtésite, mél. d'Albite et d'Eléolite ... 5884
Silaonite, mél. de Guanajuatite et Bi ... 5885
Silberkies, v. Argentopyrite ... 5886
Silbolite, var. d'Actinote ... 5887
Silésites, fossiles h ylocératidés de $2G^5$ ... 5888
Silex, Calcédoine compacte, P.S $^{2.59}_{2.61}$ _ C $^{22,23}_{24,13}$ _ d 7. 5889
Silex pyromaque, pierre à fusil _ A ^{56} ... 5890
Silex taillés, restes de l'industrie humaine, du 4 G. 5891
Silfbergite, var. d'Anthophyllite ... 5892
Siliciophite, serpentine colloïde imprégnée d'Opale. 5893
Silicite, var. de Labrador ... 5894
Silicoborocalcite, syn. d'Howlite ... 5895
Sillimanite, Al^2SiO^5 P.S $^{3.17}_{3.24}$ _ d $^{8}_{7}$ _ Σ^3 A $^{42}_{44}$ _ C $^{12,13}_{22,24}$. 5896
Sillingy (H. Savoie) _ I _ $2G_7^5$ _ 17° ... 5897
Silurien ... $1G^3_{1,2,3}$ ... 5898
Silvanite, v. Sylvanite ... 5899
Silvestrite, syn. de Sidérazote ... 5900
Simétite, résine fossile ... 5901
Simlaïte, syn. de Pholérite ... 5902
Simonyite, syn. de Blœdite ... 5903
Sincey (Côte d'Or), 1141^H 31 _ 7 _ 67 _ Anthr. ... 5904
Sinémurien ... $2G_3^2$ ... 5905
Singles (P. d. D.), 448^H 20 _ 12 _ 26 _ houil. ... 5906
Sinien ... $1G_1^3$ ... 5907
Sinkanite, mél. de Galène, Anglésite, Soufre .. 5908
Sinopite, var. de Bol rouge ou brun ... 5909
Sinople, quartz hématoïde ... 5910
Sinter, dépôt siliceux des sources chaudes ... 5911
Sipylite, var. de Fergusonite ... 5912
Siradan (H.P.) _ III _ 2 IV _ $2G^{3,4}$ 16° _ 17° ... 5913
Siriés (Her.), Joncels, 1971^H 18 _ 3 _ 32 _ Cu ... 5914

Sismondine, var. de Chloritoïde, 7% MgO_$PS^{3,56}$_$d^{6,5}$_$C^{22,23}_{18}$ .. 5915
Sisserskite, v. Sysserskite - - - - - - - - 5916
Sjogrufvite, var. d'Arséniopleite - - - - - - 5917
Skogbölite, var. de Tantalite - - - - - - - 5918
Skutterudite, triarséniure de Co - - - - - 5919
Sloanite, var. de Thomsonite - - - - - - - 5920
Smaltine, Co As^2 ou CoFeAs^2_$PS^{6,6}_{6}$_Σ^1_C^{25}_{28}_Pu - - 5921
Smaragdite, hornblende fibreuse, verte - - - - 5922
Smaragdochalcite, syn. d'Atacamite - - - 5923
Smectite, var. de Montmorillonite, $PS^{1,7}_{3,4}$_$C^{24,22}_{16,15}$ .. 5924
Smegmatite, savon minéral de Plombières - - 5925
Smelite, var. de Kaolin - - - - - - - - 5926
Smirgel, syn. d'Emeri - - - - - - - - 5927
Smithsonite, $ZnOCO^3$_$PS^{4,3}_{4,45}$_d^5_Σ^4_A^{25}_$C^{4,2}_{11,22}$ .. 5928
Snarumite, var. d'Antophyllite - - - - - 5929
Soblay (Ain), St Martin, 50^H_26_3_43_Lignite - 5930
Soda, syn. de Natron - - - - - - - - 5931
Sodaïte, var. d'Ekebergite - - - - - - - 5932
Sodalite, $NaAL^2Si^2O^8Cl$_$PS^{2,27}_{2,34}$_$d^{5,5}$_Σ^1_$C^{1,16}_{19}$ - - 5933
Sodalun, syn. de Mendozite - - - - - - - 5934
Soimonite, var. de Corindon - - - - - - 5935
Soleil (Loire) St Etienne, 485^H_28_2_31_Fe - - - 5936
Solesmes (Sarthe), 964^H 20_6_41_Anthr - - 5937
Solfatare, volcans de vapeurs sulfureuses et de gaz 5938
Solfatarite, syn. de Mendozite Alumogène - - 5939
Solfsbergite, orthophyre à aegyrine, à anorthose 5940
Solutréen - - - - - - - - 2 G^3_2 - - 5941
Solzac (Aveyron) Salles, 969^H_23_1_28_Fe 5942
Sombrérite, var. de Guano - - - - - - 5943
Somervillite, var. d'Humboldtilite - - - - - 5944
Sommaïte, var. de Leucite - - - - - - - 5945
Sommarugaïte, Gersdorffite aurifère - - - - 5946
Somme (Phosph. de la), R. et S. jaune, 2 G^6 29_37 % - - 5947
Sommerviller (M. et M.) Dombasle, 1101^H 26_7_58_Sel 5948
Sommervillite, var. de Chrisocolle - - - - - 5949
Sommite, syn. de Néphéline - - - - - 5950
Sonnaz N°1 (Savoie), 40^H 28_10_40_Lignite - 5951
Sonnaz N°2 (Savoie), 40^H 3_5_57_Lignite - 5952
Sonomaïte, var. de Pickeringite - - - - - 5953
Sorbiers (Loire), 185^H 13_7_25_houille - - 5954
Sordawalite, silicophosphate de Fe, AL, Mg, vitreux 5955
Sordière (Savoie), St Michel, 326^H 29_5_53_Anthr. 5956
Sortin St (Ain), 673^H 30_8_26_Fe - - - - - 5957
Soubise (Ch. Inf.) I_III_2 G^5_2 - - - - 5958
Souce (Allier), Doyet, 332^H 5_6_67_houil. 5959
Soudin (Ain), 702^H 30_8_26_Fe - - - 5960
Soude boratée, syn. de borax - - - - - - 5961
Soude muriatée, syn. de Sel gemme - - - 5962
Soufflards, volcan de gaz permanent - - 5963
Soufre, S_$PS^{1,9}_{2,1}$_$d^{1,5}_{2,5}$_Σ^3_A^{63}_$C^{1,2,22}_{24}$ - - 5964
Soufrière, syn. de Solfatare - - - - - - 5965
Souk-Ahras (Const.)_I_3$G^1_{1,2,3}$_40 % - 5966
Soulanou (Gard), Sumène, 2295^H_17_3_1_houil. 5967
Souliac (Cantal,) Chapelle, 992^H 26_11_22_Anthr. 5968
Soulier (Gard), St Martin, 331^H 19_8_56_Py, Fe - 5969
Souliers (H.A.), St Chaffrey, 86^H_26_8_78_Anthr. 5970
Sounah (Alger), 477^H 11_7_65_Fe - - - - 5971
Sourribes (B.A.), 375^H 11_2_54_Lignite - 5972
Souvance (Doubs), Saissey, 79^H 19_8_56_Fe 5973
Soyons, v. Charmes - - - - - - - 5974
Soyons (Ardèche), 345^H 9_1_40_Fe - - 5975
Spadaïte, var. de Magnésite - - - - - 5976
Spangite, var. de Christianite - - - - 5977
Spangolite, sulfate hydr. de Cu, avec AL et CL - 5978
Spaniolite, Panabase mercurifère, v. Schwatzite 5979
Sparagmite, R. de fragments agglomérés - 5980
Spargelstein, apatite vert d'Asperge - - - 5981
Sparnacien - - - - - - 3 G^1_2 - - - 5982
Spartaïte, calcite manganésifère - - - - 5983
Spartalite, syn. de Zincite - - - - - - 5984
Spatangues (Calc. à) Calc. jaune compact du 2G^5_1 5985
Spath brunissant, Dolomie à >15% de carbon. de fer 5986
Spath d'Islande, calcite crist. pure C^1 - - - 5987
Spath fluor, v. Fluorine - - - - - - 5988
Spath pesant, v. Barytine - - - - - 5989
Spathiopyrite, v. Safflorite - - - - - - 5990
Sperkise, marcassite maclée - - - - - 5991
Speiscobalt, v. Smaltine - - - - - - - 5992
Sperrylite, arséniure de Platine - - - 5993
Spessartien, - - - - 1 G^1 - - - - 5994
Spessartine, $Mn^3AL^2Si^3O^{12}$_$PS^{3,77}_{4,27}$_$d^{7,5}_{7}$_Σ^1_$C^{5,11}_{14}$ 5995
Spessartite, syn. d'Ilménite - - - - - - 5996
Sphoerite, phosphate hydr. d'AL - - - - 5997
Sphaignes, végétaux générateurs de la tourbe 5998
Sphalérite, v. Blende - - - - - - - 5999
Sphène $CaTiSiO^5$_$PS^{3,3}_{3,7}$_$d^{5,5}$_Σ^6_A^{41}_$C^{16,11,16}_{16,17,24}$ 6000
Sphénoclase, var. de Mélilite - - - - - 6001
Sphénomite, silicate de météorites - - 6002
Sphérocobaltite, Carbonate de Co_Σ^4_ 6003
Sphérolite, var. de Feldspath compact - 6004
Sphérolithes, inclusions microscop. des R... 6005
Sphérolithique (texture), des R. à Sphérolithes 6006

Sphérophyre, v. felsophyre 6007
Sphérosidérite, sidérose compacte, nodulaire, fibreuse 6008
Sphérostilbite, Stilbite en globules radiés 6009
Sphérulite, interpénétration de quartz et de feldspath radiés. 6010
Sphragide, var. de bol ferrugineux 6011
Spiautérite, blende cadmifère hexagonale . . 6012
Spilite, porphyrite basique à calcite lamellaire et chlorite. 6013
Spilosite, Schiste à taches vertes chloriteuses métam. . 6014
Spinellane, syn. de Noséane 6015
Spinelle, $MgAl^2O^4$ – $PS^{3,5}_{4,1}$ – d^8 – Σ^1 – C variable . . . 6016
Spinthère, Sphène verdâtre 6017
Spodiosite, $5Ca^3P^2O^8 + 4CaFl^2$; (Apatite) 6018
Spodumène, $Li^2Al^2Si^4O^{12}$ – Voy. Triphane 6019
Spongitien . . . . $2G^4_7$ 6020
Sporadosidères, météorite à fer natif grenaillé . 6021
Sporite, R. formée par des spores de fougères fossiles. 6022
Sprudelstein, var. d'Aragonite 6023
Staffélite, var. d'Hydroapatite 6024
Stagmatite, chlorure de fer météorique . . . 6025
Stalactites, concrétions calc. des voûtes des grottes. 6026
Stalagmites, concrétions dégouttant des précéd. sur le sol . 6027
Stampien . . . . $3G^2_2$ 6028
Stanékite, résine fossile 6029
Stangenschorl, tourmaline noire bacillaire 6030
Stangenspath, barytine bacillaire 6031
Stangenstein, v. Pycnite 6032
Stannine $(Cu^2,Fe,Zn)^2SnS^4$ – $PS^{4,3}_{4,5}$ – d^4 – Σ^1 – C^{26}_{28} 6033
Stannite, mél. de Cassitérite et de Quartz 6034
Stannolite, syn. de Cassitérite 6035
Stanzaïte, var. d'Andalousite 6036
Stassfurtite, boracite terreuse 6037
Staurobaryte, syn. d'Harmotome 6038
Staurolite, syn. de Staurotide 6039
Staurotide, $H^4(FeMg)^6Al^{24}Si^{10}O^{66}$ – $PS^{3,3}_{3,8}$ – $d^{7,5}_7$ – Σ^3 – $A^{42,57}_{43}$ – $C^{30,24}_{23,8}$ 6040
Stazzona (Corse) – III – $1G^{1-4}$ – 13° – 14° 6041
Stéargillite, $H^2Al^2Si^4O^{12} + Aq$ – A^{44} C^4 (couleurs des argiles) 6042
Stéatargilite, minéral chloritique 6043
Stéaschiste, Schiste à séricite, (rarement talqueux) 6044
Stéatite, talc compact granulaire, $C^{2,22}_{16,15,5}$ 6045
Stéatite de Snarum, var. de Pennine 6046
Steelite, alt. de Mordénite 6047
Steenstrupine, var. de Mélanocérite 6048
Steinheilite, syn. de Cordiérite 6049
Steinkohle, syn. de Houille 6050
Steinmannite, galène antimonieuse, arsénicale . . . 6051
Steinmark, var. d'Halloysite multicolore $C^{6,11,16}_{19,9}$ . . . 6052

Stellarite, var. d'Asphalte 6053
Stellite, var. de Pectolite 6054
Stéphanien . . . . $1G^8_8$ 6055
Stéphanite, Ag^5SbS^4 – $PS^{6,2}_{6,3}$ – $d^{2,5}_2$ – Σ^3 – C^{30} – Pn . . 6056
Stephensonite, hydro-sulfocarbonate de Cu 6057
Stercorite, $H^8Na^2Am^2P^2O^{16}$ $PS^{1,61}$ $C^{1,2}$ 6058
Sterlingite, var. de Damourite 6059
Sternbergite, $AgFe^2S^3$ – $PS^{4,2}$ – $d^{1,5}_1$ – A^{12} – $C^{3,1}_{2,4}$ . . . 6060
Stetefeldite, var. de Partzite 6061
Stevensite, alt. de Pectolite 6062
Stibérite var. d'Ulexite 6063
Stibferrite, v. Stibioferrite 6064
Stibianite, Stibine hydratée 6065
Stibiatite, Antimoniate de Fe, Mn 6067
Stibiconise, syn de Stilbite 6068
Stibine, Sb^2S^3 – $PS^{4,6}_{4,7}$ – d^2 – Σ^3 – $A^{2,26}_{57}$ – C^{28}_{29} 6069
Stibioferrite, $H^6Sb^4Fe^4O^{19}$ – A^{25}_{24} – C^{11}_{26} 6070
Stibiogalénite, syn. de Bleinière 6071
Stibio-hexa/tri-argentite, var. de Dyscrase . . . 6072
Stibiotantalite, minéral à Ta, Sb, Nb 6073
Stiblite, $H^4Sb^4O^{10}$ – $PS^{5,28}$ – $d^{5,5}_4$ – A^{23}_{22} – C^{11} . . . 6074
Stibnite, syn. de Stibine 6075
Stigmite, var. d'Agate 6076
Stilbite, $H^{12}(CaNa^2K^2)Al^2Si^6O^{22}$ – $PS^{2,09}_{2,2}$ – $d^{3,5}_4$ – Σ^3 $A^{42,45-45}$ – $C_{6,04}$ 6077
Stillolite, var. d'Opale 6078
Stilpnomélane, Leptochlorite à 46% SiO^2, Al^2O^3 – C^{16}_{24} 6079
Stilpnosidérite, var. de Limonite 6080
Stinkal, Calcaire fétide hydro phosphaté . . . 6081
Stiper-Stones, assise schisto-gréseuse du $1G^2_2$ 6082
Stipite, var. de houille 6083
Stipites, Lignites à débris de cycadées du $2G^3_2$ . . 6084
Stirlingite, syn. de Roepperite 6085
Stockwerk, . . . amas enchevêtré 6086
Stolpénite, var. de Montmorillonite 6087
Stolzite, $PbWO^4$ – $PS^{7,9}_{8,1}$ – d^3 – Σ^2 – A^{41}_{43} – C^{22}_{28} 6088
Strahlbaryte, syn. de Barytine 6089
Strahlstein, v. Actinote 6090
Strakonitzite, var. d'Augite altérée 6091
Strandlinien, ligne de rivage des lacs glaciaires. 6092
Stratopéite, Rhodonite alt. (Néotocite) . . . 6093
Strélite, syn. d'Anthophyllite 6094
Strengite, phosphate hydr. de Fe 6095
Striegisane, var. de Wavellite 6096
Strigovite, var. de Thuringite 6097
Strogonowite, méionite verte ou jaune, $PS^{2,73}_{2,74}$ . . 6098
Strombien, ... $2G^1_4$ 6099

Stromeyérite, $(CuAg)^2S$ – $PS^{5,2}_{6,3}$ – $d^{2,5}_{3}$ – Σ^3 6100
Stromite, var. de Dialogite 6101
Stromnite, syn. de Barytostrontianite 6102
Strontiane carbonatée, syn. de Strontianite 6103
Strontiane sulfatée, syn. de Celestine 6104
Strontianifères (marnes), marnes de Meudon, $2G^{2}_{5,6}$ . . 6105
Strontianite, $SrCO^3$ $PS^{3,68}_{3,71}$ – $d^{3,5}$ – Σ^3 – $A^{2,42}_{8}$ – $C^{1,2}_{5,16}$ . . . 6106
Strontianocalcite, var. de Calcite à Sr 6107
Struverite, syn. de Chloritoïde 6108
Struvite, $H^{24}Am^2Mg^2P^2O^{20}$ – $PS^{1,6}_{1,7}$ – $d^{1,5}_{2}$ – Σ^3 – $C^{1,2}_{22}$ . . 6109
Stubélite, var. d'Hisingérite 6110
Stubensandstein, grès sableux à Semionotus $2G^1_3$ 6111
Stubachite, serpentine et olivine interpénétrées . . . 6112
Studérite, var. de Panabase à As, Zn . . . 6113
Stutzite, tellurure d'Ag 6114
Stuvénite, Alun de Na, Mg 6115
Stylobate, syn. de Gehlénite 6116
Stylolithes, cannelures verticales des calcaires $2G^3$ 6117
Stylotype, var. de Panabase 6118
Styptérite, syn. d'Alunogène 6119
Stypticite, syn. de Fibroferrite 6120
Subapennin, ... $3G^4_1$ 6121
Subdelessite, var. de Delessite 6122
Succin, Succinite, [illegible] – $d^{2,5}_{2}$ – A^{43} – C^{11}_{34} 6123
Succinellite, résine fossile 6124
Succinite (Grenat), grossulaire jaune miel . . . 6125
Suessonien, ... $3G_{1,2,3}$ 6126
Suffioni, Volcan de Vapeurs ou de Gaz 6127
Suif minéral, v. Hatchettine 6128
Suillet (H.A.) Oppierre, 1030^{H} 5–3–79 – Zn, Pb, Fe . . . 6129
Suldénite, porphyrite très acide du Tyrol 6130
Sulfatallophane, var. d'Allophane 6131
Sulfo-gypseuse (formation), . $3G^3_5$ d'Italie 6132
Sulfohalite, v. Sulphohalite 6133
Sulfosidérétine, arséniosulfate hydraté de Fe . . . 6134
Sulfure de Pb d'Alsau, var. de Géocronite 6135
Sulfuricine, var. de Silice à acide Sulfurique . . . 6136
Sully (S. et L.), 1758^{H} 8–3–41 – houille 6137
Sulphatite, acide sulfurique naturel 6138
Sulphoborite, borosulfate hyd. de Mg 6139
Sulphohalite, chlorosulfate de Na 6140
Sulphosélénite, composé naturel de S et Se . . . 6141
Sulphurbank, colline de Soufre natif 6142
Sundgovien, ... $3G\,6,7$ 6143
Sundtite, sulfoantim. de Fe, Cu, Ag et Andorite . . 6144
Sundvikite, alt. d'Anorthite 6145
Supracrétacée . . . . $2G^6$ 6146
Suprajurassique . . . . . $2G^4$ 6147
Suriauville (Vosges) Contrexeville, 1715^{H} 2–3–59 – Lign. 6148
Surmoulin (S. et L.) St Pantaléon, 1068^{H} bit. 4–11–43 . . 6149
Surtainville (Manche), 407^{H} 11–4–26 – Pb, Ag . . . 6150
Surturbrand, Lignite d'Islande 6151
Susanite, $Pb^4C^3SO^{13}$ – $PS^{2,65}$ – $d^{2,5}$ – Σ^4 – A^{41}_{43} – $C^{15,16}_{11}$ – 6152
Sussexite, borate hydr. de Mg, Mn 6154
Suzannite, v. Susannite 6155
Svabite, arséniate hydr. de Ca 6156
Svanbergite, sulphosph. hydr. d'Al, Na, Ca 6157
Sychnodymite, Sulfure de Co, Cu, Fe, Ni 6158
Syeepoorite, v. Jeypoorite 6159
Syénite, granite à amphibole ou Égyptien . . . 6160
Syénitique (famille), Granite sans quartz à orthose, hornbl. 6161
Syhédrite, var. de Stilbite 6162
Sylvane, Sylvanite, $(Au^4Ag^3)Te^2$ – $PS^{8,33}_{7,99}$ – $d^{1,6}_{2}$ – Σ^5 – A^9 – $C^{25,26}_{29}$ . . . 6163
Sylvanès (Aveyron) – 4 III – $1G^3$ – 31° – 36° . . . 6164
Sylvestre St (P.d.D.) – II – 3G – 12° 6165
Sylvine, Sylvite, KCl – $PS^{1,9}_{2}$ – d^2 – Σ^1 – A^{42} – $C^{1,2}$ . . . 6166
Symplésite, var. d'Arséniosidérite 6167
Synadelphite, Arsén. hydr. de Mn, Al, Fe . . . 6168
Synclase, Cassure par retrait, sans rejet 6169
Synclinal (pli), dont les strates plongent vers l'axe . . 6170
Synclinorium, colline synclinale culminante . . 6171
Syndosmies (marnes à) . . . . $3G^4_1$ 6172
Syngénite, $H^2K^2CaS^2O^9$ – $PS^{2,6}$ – $d^{2,5}$ – Σ^5 – $C^{1,2}_{22}$ . . . 6173
Syntagmatite, var. de Hornblende 6174
Sysserskite, $IrOs^3 + IrOs^4$ – $PS^{21,1}_{21,2}$ – d^2 – Σ^4 – $C^{25,28}_{29}$ . . . 6175
Syssidères, météorite à inclusions pierreuses . . 6176
Szaboïte, var. d'Hypersthène 6177
Szaibelyite, borate hydr. de Mg 6178
Szaskaïte, var. de Smithsonite 6179
Szmikite, sulfate hydr. de Mn . . . . . . 6180.

T

Tabarière (Vendée), Chantonnay, 585^{H} 16–1–40 houil. 6181
Tabarka (Tunisie), 1–3 – 1884 – Fe 6182
Tabergite, Clinochlore, bleu verdâtre 6183
Tabernolle (Gard), Varnarède, 277^{H} 19–6–52 – houil. 6184
Tachyaphaltite, var. de Malacon 6185
Tachydrite, $CaCl + MgCl^2 + 6H^2O$ – $PS^{1,67}$ – Σ^4 – [illegible] – C^{11} . 6186
Tachylite, verre feldspathique soluble du basalte . . 6187
Taconique, syn. de Précambrien 6188

Tadergount (Constant.) Takitount, 1408^m 10-6-80-Cu, As . . 6189
Taenite, fer nickelé météorique 6190
Tafna, (fer de) hématites tertiaires de la Tafna (Algérie) 6191
Taghit (Const.) Aurès, 369^m 23-2-78-Mercure . . . 6192
Tagilite, var. de Lunnite 6193
Taillat (Isère), St Pierre, 460^m 15-1-17-Fe . . . 6194
Takitount (Const.) II-3 $G^1_{1,2,3}$ - 18° 6195
Talc, $H^2Mg^3Si^4O^{12}$ P.S $^{2,6}_{2,8}$ - $d^{1,5}_1$ - A^{45} $C^{22,18}_{16,19}$ - Σ^3 ou Σ^5. 6196
Talc endurci, V. Margarodite 6197
Talcapatite, var. d'Apatite à Mg 6198
Talcchlorite, var. de Clinochlore 6199
Talchir, assise de grès et schistes permiens de l'Inde 6200
Talcite, variété de Margarite ou de Talc . . . 6201
Talcshiste, schiste à séricite 6202
Talcoïde, var. siliceuse de Talc 6203
Talcosite, var. de Smectite 6204
Talctriplite, var. de Triplite 6205
Tallingite, var. d'Atacamite 6206
Talourine, tuf trappéen à empreintes végétales. 6207
Taltalite, var. de Tourmaline 6208
Tama (Corse), Noceta, 18^{kc} 43^m 19-1-97-Pb, Fe, Cu. 6209
Tamarite, syn. de Chalcophyllite 6210
Tamarugite, sulf. hydr. d'AL, Na, Ca, avec Cl 6211
Tamera, V. Nefzas 6212
Tammite, tungstène ferrifère 6213
Tangawaïte, var. de Serpentine 6214
Tangue, vase sableuse du littoral Normand 6215
Tankite, var. d'Anorthite 6216
Tannénite, syn. d'Emplectite 6217
Tantalite, (FeMn)(Ta, Nb)^2O^6-P.S $^{7,8}_8$ - $d^{6,5}_6$ - Σ^3 - A^8 C^{29} - P_7. 6218
Tapalpite, sulfotellurure de Bi et Ag 6219
Taonichnites, traces fossiles d'anim. marins . . 6220
Tapets (Vaucluse) Saignon, 78^m 12-8-57-Soufre . . 6221
Tapiolite, Ti^3O^6 P.S $^{7,8}_{7,5}$ - d^6 Σ^2 $C^{8,23}_{14,30}$ 6222
Taranakite, phosphate hydr. d'AL, avec K et Fe . . 6223
Tarandienne (époque) ou du renne domin., 4 G^1_1 . . 6224
Tarapacaïte, chromate de K 6225
Taraspite, syn. de Miémite 6226
Targionite, galène octaédrique antimonieuse . 6227
Tarn (Phosph. du), R.F.N, blanc violacé, 2 G^{3-4} 20 % 6228
Tarn et Garonne (Phosph. du) R.F.N, bl. viol. 2 G^{3-4} 20 % 6229
Tarnowitzite, var. d'Aragonite à Pb 6230
Tarrano (Corse) - III - 1 G^{3-4} 16° 6231
Tartagine (Corse), Castifao, 1062^m 31-3-52 Pb Cu Ag 6232
Tartaras (Loire), 1044^m 27-7-08-houille . . 6233
Tartarien, ... 1 G^6_5 . . . . . . 6234.

Tascine, séléniure d'Ag 6235
Tasmanite, résine fossile, P.S ^{1,18} d^2 6236
Tassello, sédiment arénacé marneux, 2 G^5_1 . . 6237
Taunusien, grès arénacé du 1 G^4_2 6238
Taupe (H.L.) Vergongheon, 518^m 13-9-20-houille . 6239
Taupert (H. Sav.), Abondance, 188^m 4-9-25-Lignite . 6240
Tauriscite, Mélantérie rhombique 6241
Taussac (Her.), II-1 G^1, IV 2 $G^{2,3,4}$ t° ? . . . 6242
Taussac (Aveyr.), 4 III - 3 G^4 11° 12° 6243
Tautocline, var. de Dolomie 6244
Tautolite, var. de Bucklandite 6245
Tavernes (Isère) St Pierre, 105^m 16-1-17-Fe . . . 6246
Taveyannaz (grès de) - V - flysch alpin 6247
Tavien, grès silico-ferr. lustrés du 2 G^9 . . . 6248
Tavistockite, phosph. hydr. d'AL, Ca 6249
Taxite, brèche éruptive clasto-cristalline 6250
Taya (Const.) Oued Cherf, 1140^m 12-6-91-Ant. Merc. 6251
Taylorite, $(KAm)^2SO^4$, masses crist. dans le guano . . . 6252
Taznite, arsénio antimoniate hydr. de Bi 6253
Técorétine, résine fossile 6254
Tedicite, var. de Tauriscite 6255
Tectonique, étude des dislocations orogéniques . 6256
Teissières-Bouliés (Cantal) - II - 1 G^1 - 11° . . 6257
Télaspyrine, Pyrite tellurifère 6258
Téléostéens, poissons osseux du 2 G 6259
Télésie, syn. de Corindon 6260
Tellure, Te - P.S $^{6,1}_{6,3}$ - $d^{2,5}_2$ Σ^4 - C^{25} 6261
Tellure auroplombifère, syn. d'Elasmose 6262
Tellure graphique, V. Sylvane 6263
Tellurine, TeO^2 Σ^3 A^{10}_{20} 6264
Tellurmercure, Ammiolite tellurifère 6265
Ténancien, ... 2 G^5_2 6266
Tengérite, syn. de Carbonyttrine 6267
Tennantite, $(Cu^8Fe^4)As^2S^7$ P.S $^{4,9}_{4,4}$ - $d^{3,5}_4$ - $C^{28,29}_{30}$ 6268
Ténorite, CuO - P.S ^{6,45} Σ^3 - $C^{22,29}_{30}$ 6269
Téphrite, lave basique à néphéline 6270
Téphroïte, péridot manganésifère, $(Mn, Mn)^2SiO^4$ Σ^3 $C^{6,10}$ 6271
Téphrowillémite, Orthosilicate de Zn, Mn 6272
Tequezquite, mél. de carbonate et de chlorure de Na. 6273
Térasolite, var. de Pholérite 6274
Tercis (Landes) - IV - 2 G^{5-6} 35° 6275
Térénite, alt. de Wernérite 6276
Terline (Gard), Allègre, 408^m 26-9-56-Lignite . 6277
Termanite, V. Tannénite 6278
Ternant (P.d.D.) - II - 1 G - 12° 6279
Ternay (Isère), 823^m 22-4-33-Anthr. 6280

Terra sigillata, syn. de Sphragide 6281
Terraillon (Loz.) St Martin, 327^m 2-7-32 — Antim. .. 6282
Terrasse (Isère) — I — $2G^4_2$ — 13° 6283
Terre à brique, limon ou lehm 6284
Terre à foulon, v. Argile smectique, $P.S^{1,7}_{2,4}$ ... 6285
Terre jaune, loess du Hoang-Ho 6286
Terre noire, herbe des steppes décomposée en humus 6287
Terre Noire (Loire), 572 — 30 — 3 — 1784 — houil. ... 6288
Terre Noire (Loire). St Etienne, 572 — 25 — 4 — 28 — Fe ... 6289
Terre à porcelaine, $H^4AL^2Si^2O^9$ $P.S^{2,2}$ — d^1 — v. Kaolin .. 6290
Terre d'Ombre, Lignite brun clair 6291
Terre de pipe, var. d'Argile blanche 6292
Terre rouge, argile du loess préalpin (Isère) 4G 6293
Terre de Sienne, var. d'Ocre 6294
Terre verte, var. de glauconie, des porphyres 6295
Terres alcalines (Chaux, baryte, strontiane, magnésie) 6296
Terrigènes (dépôts), vases marines. 6297
Tertiaire .... $3G^{1,2,3,4}$ 6298
Teruelite, var. de dolomie, C^{30} — à 2,6% d'oxyde de fer. 6299
Teschemachérite, carbon. hydr. d'Ammoniaque — 6300
Teschenite, R. diabasique, ophitique à plagioc. et néphéline 6301
Tessélite, var. d'Apophyllite 6302
Tétalite, var. de Calcite à Mn 6303
Tétartine, syn. d'Albite 6304
Tete (houiller de), 16° du bassin du Zambèze 6305
Tête de Chat, rognons silic. calc. dolomitic. du $3G^1_3$ ... 6306
Tétraclasite, syn. de Méionite 6307
Tétradymite, $Bi^6Te^4S^3$ — Σ^4 — $P.S^{7,4}_{7,5}$ — d^1_2 6308
Tétraédrite, Panabase zincifère 6309
Tétraédrique, système hypoth. de la géogénie terrestre 6310
Tétragophosphite, phosphate d'AL. Fe. Mn. Mg. Ca. 6311
Tétraphyline, var. de Triphyline 6312
Texalite, syn. de Brucite 6313
Texasite, $H^{12}Ni^3CO^{11}$ $P.S^{2,57}_{3,69}$ — $d^{3,25}_3$ — A^{16}_{25} — C^{17} — .. 6314
Teyjat (Dord.), 447^m 21 — 9 — 42 — Mn 6315
Thalackérite, var. d'Anthophyllite 6316
Thalassite, chlorure avec carbon. de Cu 6317
Thaleimite, syn. de Mispickel 6318
Thalite, var. de Saponite 6319
Thallite, syn. d'Epidote 6320
Thalweg, lit défini d'un cours d'eau 6321
Thanétien, ... $3G^1$ 6322
Tharandite, var. de Dolomie 6323
Thaumasite, gypse silico carbonaté 6324
Thélots (S. et L.) St Fargeot, 126^m 22 — 4 — 65 — Sch. bit. 6325
Thénardite, Na^2SO^4 $P.S^{2,67}_{2,73}$ — $d^{2,5}$ — Σ^3 — A^{25}_{42} — $C^{1,2}_3$ .. 6326
Théneuille (Allier) — III — $2G^4$ — 12° IV — 10° 6327
Théoffray St (Isère), Pierre Chatel, 200^m 1 — 9 — 27 — Anthr. 6328
Théralites, ensemble de teschénites 6329
Thermantides, syn. de Porcelanites 6330
Thermonatrite, $H^2Na^2CO^4$ $P.S^{1,5}_{1,6}$ — $d^{1,5}$ — Σ^3 — $C^{1,2}_{2,2}$ .. 6331
Thermophyllite, var. de Serpentine 6332
Théromorphes, reptiles Thériodontes, Anomodontes du $1G^6$ 6333
Theurée-Maillot (S. et L.) Sauvignes, 697^m 22 — 4 — 33 — Anthr. 6334
Thierschite, var. de Whewellite 6335
Thinolite, tuf calcaire pseudomorphique 6336
Thieux (S. et M.) — I — 4G — 14° 6337
Thio, concession de Nickel (Nouméa) 6338
Thivencelles (N.) Condé, 981^m 10 — 9 — 41 — houille. 6339
Thiviers (Dord.), 234^m 28 — 8 — 40 — Mn 6340
Thjorsauite, var. d'Anorthite 6341
Tholeïte, mélaphyre ophytique 6342
Thomaïte, var. de Junckérite 6343
Thomsénolite, $(Ca,Na)^2Fl^4AL^2Fl^6{}_2H^2O$ $P.S^{2,74}_{2,76}$ — $d^{2,5}_4$ — Σ^6 — 6344
Thomsonite, $H^{10}(Ca.Na^2)^2AL^4Si^4O^{21}$ $P.S^{2,31}_{2,38}$ — $d^{5,5}_5$ — Σ^3 — A^{42} — $C^{1,2}$ — 6345
Thon, syn. d'Argile 6346
Thones, v. Annecy 6347
Thonon les Bains, (H. Sav.) — II — $3G^4$ 6348
Thorite, H^4ThSiO^6 $P.S^{4,4}_{4,7}$ — $A^{24,53}_{43}$ 6349
Thorogummite, Thorite uranifère 6350
Thorouraninite, syn. de Bröggérite 6351
Thorrent (P.O.), Sahorre, 257^m 21 — 3 — 30 — Fe ... 6352
Thouarcé (M. et L.) — III — $1G^{1-5}$ 10° 6353
Thaulite, var. de Gillingite 6354
Thrombolite, antimoniate hydr. de Cu ... 6355
Thuénite, var. d'Ilménite 6356
Thuès en Valls (P.O.) — 4 I — 1 G gneiss. 30° — 80° — 6357
Thuile (Savoie), Bourg, 471^m 20 — 7 — 67 — Anthr. — 6358
Thulite, Zoïsite rose, A^{26} 6359
Thumite, syn. d'Axinite 6360
Thurgovien. .... $3G^3_3$ 6361
Thuringien ...... $1G^6_5$ 6362
Thuringite, Leptochlorite ferrugineuse 6363
Tiemannite, $HgSe^{10}$ — $P.S^{7,31}_{7,1}$ — $d^{2,5}$ — A^{22} — C^{29} ... 6364
Tierceley (M. et M.). 769^m 10 — 3 — 86 — Fe 6365
Tiffanyite, hydrocarbure du diamant 6366
Tigrés (grès) ferro manganésés du $2G^1$ ... 6367
Tilasite, Adélite fluorifère 6368
Tilestone, vieux grès rouge du $1G^3_3$ 6369
Tilkerodite, Clausthalite à Co 6370
Timazite, var. de dacite de Serbie 6371
Tincal, Tinkal, v. Borax 6372

Tincalconite, Borax pulvérulent 6373
Tincalzite, var. d'Ulexite 6374
Tinguaïte, phonolite riche en lavénite 6375
Tiphonique (Vallée), Vallée de dislocation 6376
Tirolite, v. Tyrolite 6377
Titane oxydé, syn. de Rutile 6378
Titane oxydé ferrifère, v. Ilménite 6379
Titane silico-calcaire, v. Sphène 6380
Titanoferrite, v. Ilménite 6381
Titanite, Sphène brun ferrugineux 6382
Titanolivine, péridot titanifère 6383
Titanomorphite, var. de Sphène 6384
Tithonique, faciès pélagique du $2G^4_5$ 6385
Tlemcem (Oran) _ IV _ $2G^4$ _ 30° 6386
Toadstone, R. porphyritique du houiller Anglais 6387
Toarcien ...... $2G^2_4$ 6388
Tobermorite, silicate hydr. de Ca 6389
Tocornalite, iodure d'Ag, Hg 6390
Toenite, fer nickelé météoritique 6391
Toit, banc qui recouvre un filon 6392
Toltren, petit récif de bryozoaires du $3G^3_4$ 6393
Tombazite, var. de Disomose 6394
Tomblaine (M. et M.), 357^H 6_7_85 _ Sel 6395
Tomosite, var. de Rhodonite 6396
Tonalite, diorite quartzifère avec biotite et magnétite 6397
Tongrien, ... $3G^2_{1,2}$ 6398
Tonnoy (M. et M.) 762^H 8_10_1901 _ Sel 6399
Topaze, $Al^{12}Si^6O^{20}Fl^{10}$ _ $PS^{3,6}_{3,4}$ _ d^8 _ Σ^3 _ A^{53}_{42} _ $C^{1,2,14,5,19}_{12,15,16,22}$ 6400
Topaze brulée, Topaze rose 6401
Topaze (fausse), cristal de roche jaune 6402
Topaze Orientale, Corindon jaune 6403
Topazolite, Mélanite jaune pâle ou vert émeraude 6404
Topazoseme, Topaze en roche 6405
Torbanite, var. d'Asphalte 6406
Torbérite, v. Torbernite 6407
Torbernite, v. Chalcolite, $H^{16}Cu\,U^4P^2O^{20}$ _ Σ^2 $PS^{3,4}_{3,6}$ 6408
Toronien, v. Tortonien 6409
Torrelite, syn. de Columbite 6410
Torrensite (Hyvert), mél. de téphroïte, rhodonite, diallogite 6411
Tortonien, ... $3G^3_3$ 6412
Totaïgite, Pyroxène serpentineux 6413
Touche (pierre de), jaspe noir 6414
Touche (Ille et Vil.) Vieux-Vy, 1061^H 22_12_79 _ Pb, Ag. 6415
Touches (S. Inf.) Monzeil, 1973^H 28_4_39 _ houille. 6416
Toulouse (H.G.) _ IV _ 4. G _ 16° 6417
Toundras, bords immédiats des glaciers du $4G^1$ 6418
Tourbe, terreau fibreux (sphaignes) brun, PS^1 6419
Tour (H.A.) Villard, 40^H 3_10_56 _ Anthr 6420
Tour de Batère (P.O.) Bastide, 88^H 11_5_77 _ Fe 6421
Tourmaline, borosilicate d'alumine _ $PS^{3,24}_{2,94}$ _ $d^{7,5}$ (C diverses) 6422
Tourmalinite, var. de Greisen à Quartz et Tourmaline 6423
Tournaisien, ... $1G^5_1$ 6424
Tournon (Ardèche), 2 IV _ $1G^1$ _ 12°3 _ 12°2 6425
Toussieu (Isère), 1660^H 31_1_89 _ Fe, Mn, etc. 6426
Towanite, syn. de Chalcopyrite 6427
Trachyandésite, var. de trachyte de l'helvétien 6428
Trachydiorite, var. d'Andésite à Amphibole 6429
Trachydolérite, var. d'Andésite à Pyroxène 6430
Trachyte, R. vitreuse rude à microlithes épars 6431
Trachyte quartzifère, v. Liparophyre 6432
Trachytique (mode) pâte vitreuse et microlith. aciculaires épars 6433
Trachytoïde (texture), porphyroïde hypocristalline 6434
Tramezaïgues (H.P.) _ III _ $1G^3_1$ _ 4 6435
Transition (terrains de), _ $1G^{2,3,4,5,6}$ 6436
Transvaalite, arséniure de Co. altéré 6437
Trapp, porphyrite andésitique, très basique, à péridot 6438
Trappes (Calc. de) lacustre entre sables stampiens et meulière 6439
Trass, R. rude, jaunâtre, volcanique, empâtée de ponce. 6440
Trautwinite, Ouwarowite impure 6441
Travers (Gard), Bességes, 580^H 5_33 _ Fe 6442
Traversellite, var. de Diopside 6443
Travertin, Calcaire concrétionné caverneux 6444
Travertin inférieur, v. Oedonien 6445
Travertin moyen, Calc. lacustre de Brie, $3G^2_1$ 6446
Travertin supérieur, Calc. marneux de Beauce, $3G^2_3$ 6447
Trébas (Tarn) _ 3 I _ Schiste Py _ 6° _ 16° 6448
Trébose (Aveyron), 257^H 5_8_36 _ houille 6449
Trécartière (Savoie) Motte, 5^H 21_12_38 _ Lign. 6450
Tré les-Chosals (H. Sav.) St Gervais, 400^H 28_6_57 _ Pb, Ag. 6451
Trélon-Ohain (Nord) _ 1600^H 25_1_1785 _ Fe 6452
Trélys (Gard) Robiac, 1827^H 27_8_28 _ houil. Fe. 6453
Trémenheerite, var. de Graphite 6454
Trémolin (Loire) St Martin, 24^H 26_10_25 _ houille. 6455
Trémolite, 55 SiO², 24 MgO [illegible] 6456
Trémouilles (Aveyron), 396^H 26_6_44 _ Plombagine 6457
Trémusson (Côtes d.N.), 803^H 9_12_65 _ Pb, Zn 6458
Tréjouloux (Aveyron), 989^H 25_3_30 _ Fe, houil. 6459
Tresques (Gard), 620^H 12_2_78 _ Lignite 6460
Trets (B. d. R.), 7219^H 1_7_09 _ Lignite 6461
Treuil (Loire) St Etienne, 198^H 27_7_1784 _ houil. 6462
Trevezel (Gard) Trèves, 79^H 15_2_53 _ houil. 6463
Trexol (Gard), Grand Combe, 1484^H 7_5_17 _ houil. Fe. 6464

Trias. . . . . . . $2G^{1}_{1,2,3,4}$ 6465
Trias, inférieur, 3230+2563+2565 6466
Trias moyen, Tyrolien, ladinien, dinarien . . . 6467
Trias supérieur, Juvarien et tyrolien (pars) . . 6468
Triasique, ... $2G^{1}_{1,2,3,4}$ 6469
Trichalcite, arséniate hydr. de Cu 6470
Trichites, éléments capillaires des Cristallites . . . 6471
Trichopyrite, Millérite capillaire 6472
Triclasite, syn. de Fahlunite 6473
Tridymite, SiO^{2} – PS $\underline{2,285}$ – d $\underline{7}$ – Σ $\underline{6}$ – A $^{11,42}_{45}$ – C ^{1} . . . 6474
Trieux (M et M.), 390^{H} 31 – 3 – 99 – Fe 6475
Trilobites, crustacés du Cambrien 6476
Trimérite, silicate de Mn, Be, Ca, Fe 6477
Trinacrite, syn. de Palagonite 6478
Trinkérite, résine fossile 6479
Triphane, $Li^{2}AL^{2}Si^{4}O^{12}$ – PS $^{3,13}_{3,19}$ – d $^{6,5}_{7}$ – Σ ^{5} – A $^{67}_{42}$ – C $^{1,2,16}_{17,5}$ 6480
Triphanite, var. d'Analcime 6481
Triphylite de Norwich, var. Triphyline 6482
Triplite, $(FeMn)^{3}P^{2}O^{8}(FeMn)Fl^{2}$ – PS $^{3,44}_{3,8}$ – d $^{15,5}_{4}$ – Σ ^{5} – A $^{41}_{53}$ – C $^{23}_{24}$ – P ^{3} 6483
Triploclase, syn. de Thomsonite 6484
Triploïdite, var. de Triplite sans fluor 6485
Tripolis, terres à diatomées fossiles 6486
Tripoli, var. de Calcaire pulvérulent . . . 6487
Tripoli (siliceux), diatomées fossiles 6488
Trippkéite, arséniate de Cu quadratique . . . 6489
Tripuhyite arsénite de Fe avec AL, Ti, Ca, Si . . . 6490
Tritochorite, v. Descloizite 6491
Tritomite, silicoborate hydr. de Ce, Ca, La, Di, Th avec Fl. 6492
Troctolite, gabbro à diallage sans olivine 6493
Trogérite, $H^{24}U^{3}As^{2}O^{26}$ – PS $\underline{3,3}$ – d $^{3,5}_{2}$ – Σ ^{5} – A ^{11} – C $^{10,11}_{12,13}$ . . . 6494
Troïlite, FeS – PS $^{4,75}_{4,82}$ – d ^{4} – C ^{20} – P ^{12} météor. masses . . . 6495
Trolléite, var. de Berlinite 6496
Trona, v. Urao 6497
Troostite, $(MnZn)^{2}SiO^{4}$ – Σ ^{4} – PS $^{4,1}_{4}$ – d ^{5,5} – C $^{15,16,1}_{5}$ – A ^{42} . . . 6498
Tropfstein, Calcite stalactiforme 6499
Trouilhas (Gard), Grand Combe, 680^{H} 15 – 12 – 36 – Fe . . 6500
Trouilhas, v. Grand'Combe 6501
Truitée (pierre), v. Troctolite 6502
Tscheffkinite, silicotitanate de Ce, La, Di, Fe, Mn, Ca – Σ ^{5} 6503
Tschermakite, var. d'Albite 6504
Tschermigite, $Am^{2}SO^{4}AL^{2}S^{3}O^{12}_{,24}H^{2}O$ – PS ^{1,5} – d $^{2}_{1}$ – Σ ^{1} – C $^{1,2}_{22}$ A ^{10} 6505
Tschernite, Oxalate de Ca 6506
Tschewkinite, v. Tscheffkinite 6507
Tucquegnieux (M et M.), 1192^{H} 31 – 3 – 99 – Fe . . . 6508
Tuesite, var. d'Halloysite 6509
Tuédien, ... $1G^{5}_{1}$ 6510

Tuf basaltique, R. à fragments de basalte à ciment ferro silic. . 6511
Tuf bitumineux, tuf basaltique bitumineux 6512
Tuf palagonitique, lapilli dans ciment vitreux 6513
Tuf ponceux, cinérites de ponce 6514
Tuffeau, R. argil. calc. imprégnée de Silice gélatineuse . . 6515
Tufs calcaires, travertins crayeux friables 6516
Tufs éruptifs (anciens), R. agglomérées éruptives 6517
Tufs porphyritiques, $1G^{5}$; R. érupt. à fragm. porph.ques . . 6518
Tufs volcaniques, v. Tufs éruptifs 6519
Tuilerie (B.P.) Briscous, 8.23 – 9 – 11 – 44 – Sel 6520
Tuilière (Roche), phonolite à néphéline du Mont Dore . 6521
Tullins (Isère) – II – 4G – 15° 6522
Tun, Craie glauconieuse à nodules phosph. de Lille, $2G^{6}_{2}$ . . 6523
Tungstein, syn. de Schéelite 6524
Tungstite, syn. de Wolframine 6525
Turbarien, époque des tourbes quaternaires 6526
Turgite, var. de Goethite 6527
Turkis, syn. de Turquoise 6528
Turnérite, var. de Monazite 6529
Turonien, ... $2G^{6}_{2}$ 6530
Turquoise, $H^{10}AL^{4}P^{2}O^{16}$ – PS $^{2,6}_{2,8}$ – d ^{6} – A $^{7\ micro\ b}_{22,26}$ – C $^{16,17}_{18,19}$ . . . 6531
Tuvalien, Sommet du Tyrolien 6532
Tyreeite, R. à Fe, Mg, Ca, AL (oxydés) 6533
Tyrite, var. de Fergusonite 6534
Tyrolien, ... $2G^{1}_{3}$ 6535
Tyrolite, arséniate hydr. de Cu 6536
Tyrrhénide, Continent effondré entre la Corse et l'Italie 6537
Tysonite, fluorure de Ce, La, Di 6538

U

Ucel (Ardèche) – II – $1G^{1}$ – 16° 6539
Ucétien, ... $2G^{6}_{3}$ 6540
Uddewallite, var. d'Ilménite 6541
Uigite, var. de Thomsonite 6542
Uintahite, esp. d'Asphalte 6543
Ulexite, $NaB^{4}O^{7}_{,}CaB^{4}O^{7}_{,18}H^{2}O$ – C ^{2,22} – PS ^{1,7} . . . 6544
Ulmannite, NiSbS – PS $^{6,2}_{6,5}$ – d $^{5,5}_{5}$ – Σ ^{1} – C $^{29,28}_{30}$ . . . 6545
Ultramarine, syn. d'Outremer 6546
Umangite, séléniure de Cu 6547
Umbrale, base du Subcarbonifèrien Pensylvanien . . . 6548
Unghwarite, syn. de Chloropale 6549
Unieux-Fraisse (Loire), 702^{H} 30 – 11 – 25 – houille . . . 6550
Unionite, var. de Zoïsite 6551
Unitaite, v. Uintahite 6552

Uraconise, var. de Zippéite 6553
Uralite, v. Ouralite 6554
Uranatemmite, syn. de Pechurane 6555
Urane oxydé, v. Pechurane 6556
Uranélaïne, résine fossile 6557
Uranine, Uraninite, syn. de Pechurane 6558
Uranite, $H^{16}CaU^{4}P^{2}O^{20}$_PS$^{3,05}_{3,19}$_d$^{2,5}_{2}$_Σ^{3}_A^{11}_{45}_C^{11}_{26} 6559
Uranochalcite, sulfo-uranate hydr. de Ca, Cu 6560
Uranocircite, urano-phosphate hyd. de Ba 6561
Uranocre, syn. d'Uraconise 6562
Uranoniobite, syn. de Samarskite 6563
Uranophane, silico uranate hydr. d'Al, Ca, Mg, K 6564
Uranopilite, sulfate hydr. à U et Ca 6565
Uranophærite, uranate hydr. de Bi 6566
Uranospinite, var. de Trogérite à Ca 6567
Uranotantale, syn. de Samarskite 6568
Uranothallite, carbonate hydr. d'U, et Ca 6569
Uranothorite, var. de Thorite à urane 6570
Uranotile, var. d'Uranophane 6571
Urao, $H^{10}Na^{6}C^{4}O^{20}$_PS^{2,11}_d^{2,5}_Σ^{5}_A^{8}_{22}_$C^{1,2}_{22}$ 6572
Urbanite, Schefférite ferreuse 6573
Urcuit (B.P.) 79^{M}_22_2_54_Sel 6574
Urdite, syn. de Monazite 6575
Urgo-Aptien .... $2G^{5}_{2.3}$ 6576
Urgonien .... $2G^{5}_{2.3.4}$ 6577
Uriage (Isère)_IV_$2G^{2}$_27° 6578
Uriconien .... $1G^{2}$ 6579
Urpethite, cire fossile 6580
Ursien .... $1G^{4}_{6}$_$1G^{5}_{7}$ 6581
Urtite, syénite éléolitique très basique 6582
Urusite, syn. de Sidéronatrite 6583
Urville (Calvados), 255^{M}_4_3_96_Fe 6584
Urvolgyite, syn. d'Herrengrundite 6585
Ussat (Ariège)_3 IV_$2G^{3-4}$_35°_39° 6586
Utahite, sulfate hydr. de Fe, Σ^{4} 6587
Utahlite var. compacte de Variscite 6588
Uwarowite, v. Ouwarowite 6589

V

Vaalite, silicate hydr. de Mg, Fe, Al 6590
Vacqueyras (Vaucluse) 2 I_III_$3G^{3}$_16°_18° 6591
Vagnas (Ardèche), 397^{M}_13_1_42_Lign. Schist. bit. 6592
Valaite, résine fossile 6593
Val de Fer (M. et M.) Chaligny, 396^{M}_23_4_74_Fe 6594
Valangien .... $2G^{5}_{1}$ 6595
Valdrée St^{e} (M. et M.) Laneuveville, 602^{M}_22_5_77_Sel 6596
Valdonnien, base du $2G^{6}_{4}$ fluvio lacustre de Provence 6597
Valencianite, syn. d'Adulaire 6598
Valensole (Gard), Cornac, 2693^{M}_21_4_68_Zn, Pb 6599
Valentien, sommet du $1G^{3}_{3}$ 6600
Valentinite, $Sb^{2}O^{3}$, v. Exitèle 6601
Valettes (Rhône) Ardillats, 513^{M}_17_9_64_Pb, Cu, Ag 6602
Val Fleurion (M. et M.) Chaligny, 426^{M}_23_4_74_Fe 6603
Valleite, var. d'Antophyllite 6604
Valleraube (Gard) St Félix, 326^{M}_16_7_63_Py, Pb 6605
Valleriite, sulfure de Cu, Fe 6606
Valleroy (M. et M.), 886^{M}_10_3_86_Fe 6607
Vallier St (Vosges)_IV_$2G^{1}_{2}$_10° 6608
Valmasque (A.M.) Antibes, 180^{M}_23_11_75_Mn 6609
Valmy (Gard) Estréchure, 1296^{M}_23_5_87_Fe 6610
Vals les Bains_122 II_$1G^{1}$ et Fe, Py_6°_18° 6611
Van (Isère) Vaulnaveys, 33^{M}_3_8_48_Fe 6612
Vanadine, $V^{2}O^{3}$_A^{2}_{25}_C^{11}_{26}_très rare 6613
Vanadinite, $Pb^{5}V^{3}O^{12}Cl$_PS$^{6,8}_{7,2}$_d^{3}_$C^{10,8}_{24,7}$_Σ^{4} 6614
Vanadiolite, acide Vanadique avec Ca, Mg, Al_PS^{3,96}_C^{1}_{8} 6615
Vanadite, var. de Descloizite de Carinthie 6617
Vanuxémite, mél. d'Argile et de Calamine 6618
Vandœuvre (M. et M.) 176^{M}_9_1_67_Fe 6619
Vaour (Tarn)_IV_$2G^{1}$_10° 6620
Varazennes (P.d.D.) Labessette, 622^{M}_17_9_78_houil. 6621
Varennes (May.) Guineux, 184^{M}_24_4_22_Anthr. 6622
Vargasite, syn. de Pyrallolite 6623
Variolite, Euphotide altérée 6624
Variscite, var. de Turquoise 6625
Varvacite, Varvicite, alt. d'Acerdèse 6626
Vasite, alt. d'Orthite 6627
Vaucluse (Phosph. de), N, blanc, grès_$2G^{5}_{2}$_19_27 % 6628
Vaucron (Var), Garde, 1176^{M}_26_5_85_Pb, Ag, Zn 6629
Vaugnerite, granite à amphibole du Lyonnais 6630
Vaubry Cieux (H.V.) Vaubry, 7412^{M}_23_11_67_Et, W 6631
Vauquelinite, $Pb^{2}CuCr^{2}O^{9}$_PS$^{5,5}_{5,8}$_d$^{5,5}_{3}$_Σ^{6}_$C^{16,17}_{18}$ 6632
Vaux (Var) Montauroux, 517^{M}_20_12_40_Anthr. 6633
Vaux (Allier)_3 II_$3G$ et $1G^{1}$_9°,4_12°,5 6634
Vaux (Ain), 1115^{M}_30_8_26_Fe 6635
Vectien .... $2G^{5}_{4}$ 6636
Vède (B. du R.) Auriol, 356^{M}_1_2_31_Lignite 6637
Vellefaux, (H. Saône), 333^{M}_6_1_37_Fe 6638
Velmanya (P.O.), 691^{M}_2_5_83_Fe 6639
Velleminfroy (H. Saône)_IV_$2G^{2}$_13°_14° 6640
Velleron (Vaucluse)_3 II_$3G^{3}$ 6641
Vénasquite, var. de Chloritoïde des Pyrénées 6642
Vendes (Cantal), Bassignac, 250^{M}_12_7_72_Sch. bit. 6643

Vendin (P. d. C.) Annezin. 1166^{H} 6-5-57 - houille 6644

Vénéjan (Gard). 820^{H} 15-2-35 - Lignite 6645

Vénérite, silic. hydr. de Cu, Al, Mg, Fe 6646

Venzac (Aveyron), 204^{H} 23-1-28 - Fe 6647

Verchères (Loire). Rive de Gier, 13^{H} 31 Ventôse X - houille 6648

Verchères Féloin (L.) Rive d. G.) 10^{H} 4-3-02 - houille 6649

Vercia (Jura), 270^{H} 24-5-59 - Lignite 6650

Verdarel (H. A.) St Chaffrey, 96 - 5-3-79 - Anthr. 6651

Vergelé, calcaire grossier au dessus du banc royal ... 6652

Vergèze (Gard) - 4 IV - 3 G^{4}_{1} - 15° - 16° 6653

Vermiculite, phlogopite altérée 6654

Vermilion (série de) Sommet ferrugineux du huronien 6655

Vermontite, syn. de Danaïte 6657

Vernade (P. d. D.) St Eloy, 178^{H} 27-12-37 - houille 6658

Vernatelle (Var) Montauroux, 158^{H} 17-3-72 - Anthr. 6659

Vernay (Rhône), 526^{H} 17-9-64 - Pb, Cu, Ag 6660

Vernay (Isère) Vaulnaveys, 125^{H} 3-8-48 - Fe 6661

Vernet les Bains (P. O.) - 8 I - 1 G (gneiss) - 24° 62° .. 6662

Vernet (P. O.), 124^{H} 24-3-61 - Fe 6663

Vernis du Désert, écorce éolienne des R. désertiques . 6664

Véronite, syn. de Céladonite 6665

Véronnière (Vendée), Essarts, 1154^{H} 2-5-81 - Antim. 6666

Verpillière (Isère), 742^{H} 9-11-44 - Fe 6667

Verre de Muscovie, v. Muscovite 6668

Verrerie-Chantegraine (Loire) Rive, 32^{H} 15-11-1826 - houil. 6669

Verrucano, Schistes rouges verts du précambrien alpin 6670

Verrucite, var. de Thomsonite 6671

Vertes (Pierres) R. micacées à serpentine et amphib. du Gd alpin 6672

Vesbine, vanadate d'Al 6673

Vescagne (A. M.) Coursegoules, 1412^{H} 29-10-32 - Lignite. 6674

Vesse (Allier) - II - 4 G - 27°,8. 6675

Vestane, var. de Quartz 6676

Vésulien, base du bathonien 6677

Vésuvianite, v. Vésuvienne 6678

Vésuvienne, v. Idocrase 6679

Vésélyite, arséniophosphate hydr. de Cu, Zn .. 6680

Veurey (Isère), I - 2 G^{5}_{1} - 24° 6681

Veyras (Ardèche). 306^{H} 22-8-43 - Fe ... 6682

Veyre (Gard), Gaujac, 175^{H} 19-5-34 - Lignite . 6683

Veyrière (Gard) Trèves, 135^{H} 17-11-62 - Lignite. 6684

Veyrines (Dord.), 254^{H} 27-2-95 - Lignite .. 6685

Veyton (Isère), Pinsot, 28^{H} 1-10-30 - Fe 6686

Vèze (Cantal), 382^{H} 19-12-1901 - Mispickel. 6687

Vézegoux (H. L.) - II - 1 G^{1} - 10° 6688

Vézis (Aveyr.) Bastide-Évêque, 23$^{K.C.}$ 44 - 9-7-96 - Pb, Ag, Zn, Cu 6689

Viala (Aveyr.) Calmels, 1888^{H} 2-8-54 - Cu 6690

Vialas, v. Villefort 6691

Viandite, var. d'Opale 6692

Vichy (Allier) - 14 II - 4 G - 12°,7 - 43°,3 6693

Vico (Corse) - I - 1 G^{1} 28° 6694

Vicoigne (Nord) Raismes, 1320^{H} 12-9-41 - Anthr. . 6695

Vic-sur-Cère (Cantal) - II - 3 G trachyte - 12° 6696

Victor St (Isère), 135^{H} 10-8-61 - Lignite 6697

Victor St, v. Zacharie 6698

Victor St (Allier) - II - 4 G - 11° 6699

Victor la Coste St (Gard), 372^{H} 6-2-22 - Lignite . . 6700

Victorite, var. d'Enstatite météorique 6701

Vieille-Aure (H. P.), 976^{H} 9-8-70 - Mn 6702

Vieillaurite, mél. de diallogite, téphroïte et silice 6703

Vieille Cure (S. et L.) Romanèche, 2.30 - 8-11-29 - Mn . 6704

Vieljouve (Lozère) St André, 516^{H} 10-7-40 - Antim. . 6705

Vierzonite, var. de bol à 6-38 % d'Oxyde de Fe 6706

Vietinghofite, var. ferreuse de Samarskite ... 6707

Vieussan (Hér.), 2027^{H} 31-7-82 - Mn 6708

Vieussan (Hér.), 2270^{H} 24-10-60 - Cu, Ag ... 6709

Vieux Château (M. et M.) Custines, 153^{H} 17-8-86 - Fe . . 6710

Vieux Condé (N.) Condé, 3962^{H} 14-10-1749 - houille . . 6711

Vieux grès rouge, v. grès 6712

Vignite, Magnétite avec Carbonate et phosphate de Fe . . 6713

Villa Franca (P. O.) Valmanya, 45^{H} 10-3-23 - Fe . . 6714

Villanière (Aude), 684^{H} 11-8-98 - Mispickel . . 6715

Villard (Savoie) Table, 357^{H} 28-10-48 - Fe 6716

Villard d'Entraigues (Isère), 140 - 11-8-69 - Anthr. . 6717

Villaret (H. A.) St Martin, 80^{H} 27-7-62 - Anthr. 6718

Villarlurin (Savoie), 107^{H} 2-9-68 - Anthr. . 6719

Villaron, v. Cérisier (Alp. Mar.) 6720

Villars (Loire), 327^{H} 16-5-1786 - houille ... 6721

Villarsite, $H^{2}Mg^{4}Si^{2}O^{9}$ P.S. ^{2,98} Σ^{3} $C^{22,16}_{18}$ 6722

Villebœuf (Loire) Roche Molière, 404^{H} 13-12-29 - Fe ... 6723

Villebœuf (Loire) St Étienne, 212^{H} 4-11-24 - houille .. 6724

Villebois (Ain), 884^{H} 30-8-26 - Fe 6725

Villecelle (Hér.) Lamalou, 4244^{H} 6-8-65 - Cu, Pb, Zn, Ag. 6726

Villecomte (C. d'Or), 247^{H} 31-8-52 - Fe 6727

Villeder (Morb.) Roc St André, 17443^{H} 19-11-56 - Étain. 6728

Villefranche (Aveyr.) - 2 I - 2 G^{2}_{3} - 5 - 11° 12° ... 6729

Villefranche (Aveyr.), 3820^{H} 8-3-41 - Cu, Pb 6730

Villémite, v. Willemite 6731

Villefort-Vialas (Lozère), 11587^{H} 8-6-1776 - Pb, Ag . . 6732

Villelongue (H. P.), I - III - 1 G^{6} 12° 6733

Villeneuve (P. O.) - 8 I - 1 G^{1} gneiss - 18° - 43° .. 6734

Villeneuve (B. A.), 428^{H} 9-1-61 - Lignite 6735

Villeneuve (Landes) - I - III - 3 G^{3} - 15° ... 6736

Villeneuve-les-Chanoines (Aude), 1590^{m} 24-2-44 - Pb. . . 6737
Villerange (Creuse) Lussat, 179,68 - 24-3-24 - Anthr. . 6738
Villeremberg (Aude) Caunes, 122^{m} 12-6-38 - Mn. . 6739
Villezsien, ... $2G^{4}_{1,2}$ 6740
Villerupt (M. et M.) (25-2-73) - (19-6-75) Fe 6741
Villevieille (P.-d.-D.) Gontolle, 517^{m} 15-1-68 - Pb. Ag. . 6742
Vilnite, var. de Wollastonite 6743
Vinça (P.O.) - I - $1G^{1}$ - 23°,5 6744
Vincent St (P.O.) Vernet, 171^{m} 12-1-73 - Fe . . . 6745
Vindobonien . . . . $3G^{3}_{3}$ 6746
Violane, $56SiO^{2}_{9}AL^{2}O^{3}$, 14CaO, traces de Na, Fe, Mn - $P.S^{2,93}$ - d^{6} C^{20}_{9}. 6747
Violay (Loire), 709^{m} 6-12-63 - Antim. 6748
Violettes (Isère), Ferrière, $11^{m}34$ - 14-5-26 - Fe . . 6749
Violite, syn. de Copiapite 6750
Viré (Sarthe), 2254^{m} 20-12-35 - Anthr 6751
Virescite, syn. de Pyroxène vert 6752
Virginien, ... $3G^{3}_{2,3}$ 6753
Virglorien, étage des Cératites - $2G^{1}_{2}$ 6754
Virgulien, base du Kimeridgien 6755
Viridite, nom géner. des silic. hydr. de Fe, Mn etc. . . . 6756
Viridul, var. de Calcédoine 6757
Virtonien, base du charmouthien du Luxembourg 6758
Viry (S. et O.) - IV - $3G^{2}$ argile phosphatée calcique 4° 6759
Visard (Savoie) St Martin, 27^{m} 30-9-52 - Anthr . . . 6760
Viseen, sommet du Calcaire $1G^{5}_{1}$ belge 6761
Vitreuses R. dont la cassure est d'aspect vitro-scoriacé 6762
Vitreux (état), non cristallisé, neutre au polarimètre . 6763
Vitriol rouge, syn. de Botryogène 6764
Vitriol vert, syn. de Mélantérie 6765
Vitriolite, syn. de Pisanite 6766
Vitrophyre, R. à gros cristaux dans pâte rétinite 6767
Vitroporphyrique (text.) text du précédent . . . 6768
Vittel (Vosges) - 5 IV - $2G^{1}_{2}$ - 11° - 12° 6769
Vivianite, $H^{16}Fe^{3}P^{2}O^{16}$ - $P.S^{2,53}_{2,68}$ - $d^{1,5}_{2}$ - Σ^{5} $C^{1,2}_{19,20}$ . . . 6770
Vogésite, syn. de Pyrope 6771
Voglianite, sulfate d'U. Fe. Cu. Ca 6772
Voglite, carbonate hydr. d'U, Ca, Cu. 6773
Voigtite, alt. de Biotite 6774
Voile de Montagne, var. d'Amiante 6775
Voiletriche (M. et M.) Liverdun, 341^{m} 26-9-59 - Fe . . 6776
Volborthite, $H^{6}(Cu,Ca)^{4}V^{2}O^{10}$ - $P.S^{3,66}_{3}$ - d^{3} - Σ^{4} - A^{11} $C^{13,16}_{18}$ . . . 6777
Volcanique R. d'épanchement effusif. 6778
Volcanite, soufre sélénié des volcans 6779
Volgérite, acide antim^{que} hydr. alt. de Stibine . . 6780
Volgien, ... $2G^{4}_{5}$ 6781
Volhynite, diabase crétacée de Rowno 6782
Volknérite, syn. d'hydrotalcite 6783
Voltaïte, sulfate hydr. de Fe, Mg, K, Na 6784
Voltzine, oxysulfure de Zn. 6785
Volvic (lave de) andésite basaltique à augite . . 6786
Voraulite, syn. de Klaprothine 6787
Vorhausérite, var. de Serpentine 6788
Vosges, R. gris - $2G^{2}$ - 28 % 6789
Vosges (grès des), V. grès 6790
Vosgien, grès des Vosges . . . . $2G^{1}_{1}$ 6791
Vosgite, var. alt. de Labrador 6792
Vouavres (H. Savoie) Taninges, 400^{m} 6-2-59 - Anthr. . 6793
Voulte (Ardèche), 2634^{m} 20-9-12 - Fe. 6794
Vraconnien, ... $2G^{5}_{4}$ à $2G^{6}_{1}$ 6795
Vreckite, v. Breckite 6796
Vulpinite, syn. d'Anhydrite 6797
Vy-lez-Lure (H. Saône), 973^{m} 10-8-42 - Lignite . . 6798

W

Wacke, argile provenant de la décomposit. des basaltes . . 6799
Wackenrodite, var. plombifère de Wad 6800
Wad, term. génér. oxydes hydr. terreux de Mn, $P.S^{4,25}_{3}$ - $d^{0,5}_{3}$ - $C^{23,30}_{31}$. 6801
Wagite, var. de Calamine 6802
Wagnérite, $2(Na^{2}Mg,Ca)^{3}P^{2}O^{8}$, $(Na^{2}Mg,Ca)Fl^{2}$ - $P.S^{2,98}_{3}$ - $d^{5,5}_{4}$ - Σ^{5} - C^{11}. 6803
Wahsatch (groupe de) . . . . $3G^{1}_{2}$ 6804
Walaïte, var. d'Asphalte 6805
Walchowite, $C^{12}H^{18}O$ - $P.S^{1,05}_{1,20}$ - d^{2}_{1} - A^{20}_{43} - C^{10}_{11} 6806
Waldheimite, var. de Trémolite 6807
Walkérite, syn. de Pectolite 6808
Wallériane, var. de Hornblende noire 6809
Wallerite, v. Vallériite 6810
Walmanstedtite, syn. de Giobertite à Mn 6811
Walpurgine, arséniate hydr. de Bi, U. 6812
Walthérite, var. de Bismuthite 6813
Walnéwite, var. de Xanthophyllite 6814
Wapplérite, arséniate hydr. de Ca, Mg 6815
Wardite, var. de Turquoise 6816
Warnimont (M. et M.) Cosnes, 115^{m} 24-7-57 - Fe . . . 6817
Waringtonite, var. de Langite 6818
Warrenite, sulfoantimoniure de Pb, Fe 6819
Warwickite, borotitanate de Mg, Fe 6820
Washingtonite, syn. d'Hystatite 6821
Wasite, v. Vasite 6822
Wattevillite, sulfate hydr. d'Alcalis et de Fe, Ni, Co . . 6823
Waulsortien, sous étage moyen du $1G^{6}$ belge 6824
Wavellite, $H^{24}AL^{6}P^{4}O^{31}$ - $P.S^{2,3}$ - $d^{3,5}_{4}$ - Σ^{3} - A^{10}_{20} - $C^{1,2;12}_{15;16}$ . . 6825
Wealdien, ... $2G^{4}_{5}$ 6826

Webnérite, Zinckénite argentifère 6827
Webskyite, alt. de Serpentine 6828
Webstérite, $H^{18}AL^2SO^{15}$ PS ^{1,66} d $^2_1$ — Σ^2 — A^{30}_{34} — $C^{1,2}$ . . 6829
Wehrlite, R. d'Olivine, diallage, hornblende 6830
Weibyeite, fluocarbonate à Ce, La, Di, Ca 6831
Weiselbergite, rétinite mélaphyrique 6832
Weissbleierz, syn. de Céruse 6833
Weissiane, syn. de Scolésite 6834
Weissigite, var. d'Orthose lithinifère 6835
Weissite, var. de Cordiérite 6836
Weissliegendes, grès rouge supérieur de Mansfeld . . 6837
Weldite, silicate d'AL, Na 6838
Wellenkalk, Muschelkalk germanique 6839
Wellsite, zéol. vois. de Christianite 6840
Wemmelien . . . . 3G $\frac{1}{5}$ 6841
Werfénien . . . . 2G $\frac{1}{1}$ 6842
Wernérite, v. Paranthine 6843
Werthemanite, sulfate basique d'AL 6844
Westanite, var. de Smectite ou de Worthite . . . 6845
Westermoreland (Système du) entre le $1G^3_5$ et $1G^4$ . . 6846
Westphalien . . . . 1G $\frac{6}{3}$ 6847
Weszelyite, v. Veszelyite 6848
Whartonite, pyrite nickélifère 6849
Wheelérite, résine fossile 6850
Whewellite, $H^4Ca^2C^4O^{10}$ PS ^{1,833} d $^{2,75}_{2,5}$ — Σ^5 — $C^{1,2}_{22}$ — A^{42}_{2} . . . 6851
Whin Sill, trapp. diabasique du carbonifère Anglais . . . 6852
Whinstone, R. porphyrit. du houil. Anglais 6853
Wignehies (Nord), 268 $\frac{H}{}$ 13 — 6 — 66 — Fe 6854
Whitneyite, $Cu^{18}As^2$ — PS ^{8,47} d ^{3,5} C ^{6} 6855
Wichtine, syn. de Sordavalite 6856
Wicklowite, Vanadate de Pb, douteux 6857
Wilhelmite, v. Willémite 6858
Willcoxite, silic. hydr. d'AL, Mg, Na, K 6859
Willémite, Zn^2SiO^4 PS $^{3,9}_{4,2}$ — d ^{5,5} Σ^4 — A^{42} $C^{1,2}$ . . . 6860
Williamsite, var. d'Antigorite, C^{17} A^{50} 6861
Willyamite, sulfoantimoniure de Ni, Co, Σ^1 6862
Wilsonite, var. de Wernérite 6863
Wiluite (grenat), grossulaire blanc verdâtre 6864
Wiluite, var. d'Idocrase 6865
Winebergite, sulfate basique d'AL 6866
Winklérite, oxyde hydr. de Ni, Co 6867
Winkworthite, silico-sulfo-borate hydr. de Ca 6868
Wiscrine, Xénotime, C^{12} d $^{5,5}_{6,5}$ 6869
Wiserite, carbonate hydr. de Mn 6870
Withamite, piémontite du porphyre rouge antique . . . 6871
Withérite, $BaCO^2$ PS $^{4,2}_{4,3}$ — d $^{3,5}_{3}$ — Σ^3 A^{42}_{43} — $C^{2,22}_{12}$ 6872
Wittichénite, $Bi^2Cu^6S^6$ PS $^{4,3}_{4,5}$ — d ^{2,5} Σ^3 C^{28} P^{12} 6873
Wittingite, syn. de Néotocite 6874
Wocheinite, var. de Bauxite 6875
Wöhlérite, siliozirconiobate de chaux — Σ^5 — $A^{11,43}$ C^{12} 6876
Wölchite, var. de Bournonite 6877
Wolchonskoïte, silic. chrom. hydr. de Fe, Mg, AL 6878
Wolfachite, var. de Corynite 6879
Wolfram, (Mn, Fe) WO^4 PS $^{7,55}_{7,1}$ — d $^{5,5}_{5}$ — Σ^5 — $C^{28,30}_{29}$ P 7 . . . 6880
Wolframine, WO^3 — A^{23} $C^{11,16}$ 6881
Wolframite, syn. de Wolfram 6882
Wolframocre, V. Wolframine 6883
Wolfsbergite, $Cu^2Sb^2S^4$ — Σ^3 — PS $^{4,75}_{5,01}$ — d ^{3,5} A^{11}_{40} — C^{28}_{29} — P_{12} 6884
Wollastonite, syn. de Pectolite 6885
Wollastonite, $CaSiO^3$ PS $^{2,78}_{2,91}$ — d $^{4,5}_{5}$ — Σ^5 — A^{10}_{42} — $C^{1,2}_{22}$ . . . 6886
Wollongongite, var. de Kerolite 6887
Wolnyne, syn. de Barytine 6888
Woodwardite, var. de Lettsomite 6889
Worthite, var. de Sillimanite 6890
Wulfénite, $PbMoO^4$ PS $^{6,3}_{6,9}$ — d ^{3} — Σ^2 — $C^{12,24}_{13}$ — A^{37}_{11} . . 6891
Wurferspath, v. Anhydrite 6892
Wurtzilite, résine fossile 6893
Wurtzite, v. Blende 6894

X

Xanthiosite, arséniate de Ni 6895
Xanthitane, var. de Sphène altéré 6896
Xanthite, var. d'Idocrase 6897
Xanthoarsénite, arséniate hydr. de Mn 6898
Xantoconite, var. de Proustite Σ^5 6899
Xantholite, Staurotide à Ca, Mg 6900
Xanthophyllite, $H^{16}Ca^9Mg^9O^{108}Si^5AL^{24}$ — PS ^{3,04} — d $^{4,5}_{5,5}$ — C^{11} — Σ^4 6901
Xanthopyrite, syn. de Pyrite jaune 6902
Xanthorthite, alt. d'Orthite 6903
Xanthosidérite, var. de Limonite 6904
Xénolite, var. de Sillimanite 6905
Xénomorphe (text.) empruntant sa forme aux entourages 6906
Xénotime (Y, Ce, Er) P^2O^8 — Σ^2 — PS $^{4,45}_{4,58}$ — d $^4_5$ — A^{43} $C^{11,12,14}_{8,7,24}$ . . . 6907
Xiphonite, var. d'Amphibole 6908
Xonaltite, var. d'Okénite 6909
Xylite, var. de Xylotile 6910
Xylochlore, var. d'Apophyllite 6911
Xylokryptite, var. de Schéérérite 6912
Xylorétine, résine fossile 6913
Xylotile, $H^4Mg^3Si^2O^9$ PS $^{2,30}_{2,52}$ — d $^3_2$ — A^{10} $C^{10,11}_{15}$ . . . 6914

Y

Yanolite, syn. d'Axinite 6915
Ydes (Cantal) – II – $1 G^1$ 11° 6916
Yénite, syn. d'Ilvaïte 6917
Yogoïte, v. Monzonite 6918
Yonne (Phosphide) S blanc, grès – $2 G^5_3$ – 4 – gravier 13-18 % 6919
Yoredale (Série à) Calc. sch. et grès du carbonifère Pennin 6920
Yorre S.t (Allier) – 51 II – 4 G – 9°,7 – 16°,2 6921
Youngite, sulfure de Zn, Pb, Fe, Mn 6922
Ypoléimme, v. Hypoléimme 6923
Yprésien .... $3 G 3$ 6924
Ytterbite, syn. de Gadolinite 6925
Yttergranat, grenat à Yttria et Mn 6926
Yttertantale, v. Yttrotantale 6927
Yttrialite, silicate d'Y, Th, etc. 6928
Yttrite, v. Gadolinite 6929
Yttrocalcite, v. Yttrocérite 6930
Yttrocérite, (Ca Ce Y) Fl^2 – masses cristall. C^{19}_{20} 6931
Yttrocolumbite, v. Yttrotantalite 6932
Yttrogummite, v. de Clévéite altérée 6933
Yttroilménite, syn. de Samarskite 6934
Yttrotantale $(Y Ce Fe U Ca)^2 (Ta Nb)^{40} O^{11}$ – $PS^{5,4}_{5,9}$ – $d^{5,5}_5$ – Σ^3 – $C^{22,23}_{24,11}$ 6935
Yttrotantalite, v. Yttrotantale 6936
Yttrotitanite, v. Keilhauite 6937
Yurques (Calvados), 365^M 26 – 11 – 95 – Fe 6938

Z

Zacharie S.t (Var), 354^M 20 – 12 – 26 – Sign 6939
Zaghouan, v. Djebel Zaghouan 6940
Zala, syn. de Borax 6941
Zamtite, v. Zaratite 6942
Zancléen .... $3 G^3_{3,4}$ 6943
Zaratite, v. Texasite 6944
Zéagonite, var. de Gismondine 6945
Zéasite, var. d'Opale de feu 6946
Zechstein .... $1 G^6_5$ 6947
Zeilanite, v. Ceylanite 6948
Zéolites (term. gén.) silic. hydratés des Amygdales 6949
Zéolite de Borkhult, alt. d'Anorthite 6950
Zéolite farineuse, var. de Laumontite 6951
Zéolite rouge, var. de Laumontite 6952
Zépharovichite, var. de Variscite 6953
Zermattite, var. d'Antigorite 6954
Zeugite, var. de Métabrushite 6955
Zeunérite, $H^{16} Cu V^2 As^2 O^{20}$ – $PS^{3,53}$ – $d^{2,5}$ – Σ^2 – A^{45} – C^{19}_{17} 6956
Zeuxite, var. de Tourmaline ferrifère 6957
Zeylanite, v. Ceylanite 6958
Zeyringite, var. d'Aragonite 6959
Zianite, v. Cyanite 6960
Ziegelerz, v. Cuprite 6961
Zietrisikite, var. d'Ozocérite 6962
Zigliara (Corse) – I – $1 G^1$ 37° 6963
Ziguéline, v. Cuprite 6964
Zillerthite, syn. d'Actinote 6965
Zimapanite, chlorure de Va 6966
Zinc carbonaté, v. Smithsonite 6967
Zinc hydrocarbonaté, syn. de Zinconise 6968
Zinc oxydé silicifère, syn. de Calamine 6969
Zincaluminite (Alun) $H^2 SO^4$ ... $Al^2 O^3$ ... Zn ... Cu ... H^2O – $PS^{2,5}_3$ – Σ^3 – $C^{1,22}_{19}$ 6970
Zincazurite, var. d'Azurite à Zn 6971
Zincite, ZnO – $PS^{5,7}_{5,4}$ – $d^{4,5}_4$ – Σ^4 – $A^{19,37}_{54}$ – $C^{7,10}$ 6972
Zinckénite, $Pb Sb^2 S^4$ – Σ^3 – $PS^{5,3}$ – $d^{3,5}_2$ – $C^{28,29}$ 6973
Zinccalci[illegible], calcite à Zn 6974
Zinconise, $H^4 Zn^5 CO^8$ – $PS^{3,25}_{3,59}$ – $d^{2,5}_2$ – $A^{24,16}_{17,18}$ – $C^{1,2}_{22}$ 6975
Zincosite, $ZnSO^4$ – $PS^{4,33}$ – d^3 – Σ^3 – C^{11}_{12} 6976
Zinkénite, v. Zinckénite 6977
Zinnwaldite, mica à lithine et fluor – $PS^{3,2}$ – Σ^{24}_{13} 6978
Zippéite, sulfate hydr. d'U 6979
Zircarbite, carbonate de Zr 6980
Zircon, v. Zirconite 6981
Zirconite, $ZrSiO^4$ – $PS^{4,7}_4$ – $d^{7,5}$ – Σ^2 – $A^{53,41}_{42}$ – $C^{1,6,11}_{17,22}$ 6982
Zirconienne (Syénite) 60 du L 6983
Zirkélite, v. Zircotitanate de Ca 6984
Zirlite, var. de Gibbsite 6985
Zoblitzite, var. de Serpentine 6986
Zobténite, v. Pyroxénite 6987
Zoïsite, $H Ca^4 (Al^2)^3 Si^6 O^{26}$ – $PS^{3,22}_{3,36}$ – d^6 – Σ^3 – $C^{22,10,24}_{5,15}$ 6988
Zonochlorite, var. de Chlorastrolite 6989
Zoocarbonit, houille à poissons fossiles 6990
Zorgite, comme Clausthalite avec 4-15 % de Cu 6991
Zunyite, $H^{18} Al^{16} Si^6 (O, Fl, Cl)^{45}$ – $PS^{2,875}$ – d^7 – A^{42} 6992
Zurlite, var. de Mélilite 6993
Zwieselite, var. de Triplite 6994
Zwitter, R. fendillée à étain dans granulite [illegible] 6995
Zygadite, var. d'Albite .... [illegible]

BIBLIOTHEQUE NATIONALE DE FRANCE
3 7531 03987036 6

www.ingramcontent.com/pod-product-compliance
Ingram Content Group UK Ltd.
Pitfield, Milton Keynes, MK11 3LW, UK
UKHW020332250726
13967UKWH00005B/1992